GNSS 定位测量技术

（含实训手册）

主　编◎郭　涛　陈志兰　吴永春

副主编◎蓝善建　马　驰　周春枝

参　编◎李　娜　李文章　朱　涛

主　审◎吴士夫

校企合作

课　件

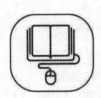

新形态一体化教材

微　课

西南交通大学出版社

·成　都·

图书在版编目（CIP）数据

GNSS 定位测量技术：含实训手册. 1，GNSS 定位测量
技术 / 郭涛，陈志兰，吴永春主编. —成都：西南交
通大学出版社，2022.8
校企合作双元开发新形态信息化教材. 高等职业教育
"十四五"测绘工程技能型人才培养规划教材
ISBN 978-7-5643-8880-5

Ⅰ. ①G… Ⅱ. ①郭… ②陈… ③吴… Ⅲ. ①卫星导
航 – 全球定位系统 – 高等职业教育 – 教材 Ⅳ. ①P228.4

中国版本图书馆 CIP 数据核字（2022）第 157946 号

校企合作双元开发新形态信息化教材
高等职业教育"十四五"测绘工程技能型人才培养规划教材

GNSS Dingwei Celiang Jishu（Han Shixun Shouce）

GNSS 定位测量技术（含实训手册）

主编　郭　涛　陈志兰　吴永春

责 任 编 辑	王同晓
封 面 设 计	何东琳设计工作室
出 版 发 行	西南交通大学出版社 （四川省成都市金牛区二环路北一段 111 号 西南交通大学创新大厦 21 楼）
发行部电话	028-87600564　028-87600533
邮 政 编 码	610031
网 　 　 址	http://www.xnjdcbs.com
印 　 　 刷	四川森林印务有限责任公司
成 品 尺 寸	185 mm × 260 mm
总 印 张	11.75
总 字 数	251 千
版 　 　 次	2022 年 9 月第 1 版
印 　 　 次	2022 年 9 月第 1 次
书 　 　 号	ISBN 978-7-5643-8880-5
套 　 价	36.00 元

课件咨询电话：028-81435775
图书如有印装质量问题　本社负责退换
版权所有　盗版必究　举报电话：028-87600562

前 言
PREFACE

　　本书是为落实"职业教育是一种教育类型"的定位,本着高等职业教育测绘类专业知识"管用、够用、能用、适用"的原则而组织编写的。本书重点突出高等职业教育的职业性、实践性、开放性,针对测绘行业职业特点和岗位需求而设计内容,共分为六个学习项目、二十六个任务,并附带活页式实训任务书。本书强调实用性和应用性,适用于"教学做一体化"的教学模式。书中还以二维码形式提供大量教学资源,旨在强化学生的操作技能,培养学生服务社会的水平,拓宽学生的知识面,使其适应测绘行业的发展,适应社会的发展。

　　本书的六个学习项目分别为:GNSS 技术的基础知识、GNSS 导航定位基础、GNSS 的定位方法及其误差分析、GNSS 静态测量技术、GNSS 测量数据内业解算、GNSS 实时动态测量技术。九个实训任务为:GNSS 接收机认识与使用、GNSS 测量技术设计、GNSS 测量的踏勘、选点及绘制点之记、GNSS 静态数据采集、GNSS 静态数据处理、编写 GNSS 测量技术总结、GNSS-RTK 控制测量、GNSS-RTK 地形与地籍测量、GNSS-RTK 施工测量。

　　长江工程职业技术学院郭涛、陈志兰和甘肃工业职业技术学院吴永春为本书主编,江西建设职业技术学院蓝善建,辽宁交通高等专科学校马驰、李娜,江西信息应用职业技术学院周春枝,鹤壁能源化工职业学院李文章,河南省航空物探遥感中心朱涛也参与了本书的编写工作。其中郭涛编写项目 1 和实训 1部分,陈志兰编写项目 6 和实训 2 部分,吴永春编写项目 5 部分,蓝善建编写实训 5 和实训 6,马驰编写项目 3 和实训 4 部分,周春枝编写项目 2 部分,李娜编写项目 4 和实训 3 部分,李文章编写实训 7 和实训 8 部分,朱涛编写实训 9 部分。

　　本教材主要供高职高专工程测量技术专业、摄影测量与遥感专业、测绘工程专业、地理信息系统与地图制图技术等测绘类专业教学使用,也可作为测绘专业和从事导航事业的工程技术人员的参考用书。

本书在编写过程中，得到了广州南方测绘科技股份有限公司和上海华测导航技术股份有限公司的大力支持，全书由长江中游水文水资源勘测局汉口分局吴士夫高级工程师进行审读与把关，在此深表感谢。

高职测绘类专业教材与课程建设是一项艰巨而复杂的工作，本书的出版是一次有益的探索尝试，鉴于我们水平有限，难免存在不足和欠妥之处，恳请专家和读者批评指正。

编　者

2022 年 3 月于武汉

目 录
CONTENTS

项目 1　GNSS 技术的基础知识

教学目标

‑‑

1. 了解卫星导航定位技术的发展历程；
2. 熟悉 GNSS（全球导航卫星系统，Global Navigation Satellite System）的概念；
3. 了解全球四大卫星导航系统的发展过程、系统组成及其优劣势；
4. 重点熟悉北斗卫星导航系统定位的关键技术。

任务 1.1　卫星导航定位技术的发展

随着 5G 通信、人工智能（AI）、云计算、自动驾驶等新技术的飞速发展和普及，世界各国人民的生产生活正在发生翻天覆地的变化，而这些高新技术，也离不开卫星导航定位技术的支撑。自 1957 年 10 月 4 日苏联成功地发射了世界上第一颗人造地球卫星后，科学家们便开始了利用卫星进行定位和导航的研究，人类的空间科学技术研究和应用从此跨入了一个崭新的时代。世界各国争相利用人造地球卫星为军事、经济、科学和文化服务，卫星导航定位也成为了人类"万物互联"等新生活方式的一个核心技术。同时，卫星导航定位技术在测绘学科中的应用更是取得了惊人的发展，开启了测绘领域的一次技术革命，使得测绘技术迅速跨入了新的发展时代。

1.1.1　早期的导航定位技术

1. 罗兰-C 导航系统

在卫星导航定位系统出现之前，远程导航与定位主要使用无线导航系统，如美国的罗兰-C 导航系统。罗兰-C 导航系统的全称是脉冲相位距离双曲线导航系统，是一种远距离（陆上可达 2 000 km）、低频（100 kHz）的含标准时间频率信息的双曲线脉冲式无线电导航定位系统，在 20 世纪 40 年代由美国麻省理工学院应美国陆军的要求研制而成。它的作用距离大，覆盖面广，导航、定位精度高，在全球范围得到了广泛应用。

罗兰-C 导航系统的缺点是其精度受大气层等随机误差源和不可预测的电波传播等偏置误差源的限制，导致罗兰-C 导航系统短期重复精度限制在几十米量级。

2. 卫星三角测量系统

早期的人造地球卫星仅仅作为一种空间的观测目标，由地面观测站对它进行摄影测量，测定测站到卫星的方向，建立卫星三角网；也可以利用激光技术对卫星进行距离测量，测定测站至卫星的距离，建立卫星测距网。这种对卫星的几何观测能解决用常规大地测量技术难以实现的远距离陆地与海岛的联测定位问题。20 世纪 60—70 年代，美国国家大地测量局在英国和德国测绘部门的协助下，花了几年的时间用卫星三角测量的方法测设了包含 45 个测站的全球三角网，点位精度可达 5 m。但是这种观测方法受天气和卫星可见条件的影响较大，费时费力，不仅定位的精度低，而且不能测定点位的地心坐标。因此，卫星三角测量很快被利用卫星多普勒效应的定位技术所取代，使卫星定位技术从把卫星作为空间观测目标的低级阶段，发展到了把卫星作为动态已知点的高级阶段。

3. 卫星多普勒定位系统

1958 年底，美国海军武器实验室着手建立为美国军用舰艇导航服务的卫星系统，即海军导航卫星系统（Navy Navigation Satellite System，NNSS）。该系统于 1964 年建成，随即在美国军方启用。在这一系统中，由于卫星轨道面通过地极，所以又被称为子午卫星导航系统。1967 年 7 月 29 日，美国政府宣布解密子午卫星的部分导航电文提供民用，由于卫星多普勒定位具有经济、快速、精度较高、不受天气和时间限制等优点，只要能见到子午卫星，便可在地球表面的任何地方进行单点和联测定位，从而获得测站的三维地心坐标。因此，卫星多普勒定位迅速从美国传播至全球。

与此同时，苏联于 1965 年也开始建立了一个卫星导航定位系统，叫作 CICADA 卫星导航系统。它与 NNSS 系统相似，也是第一代卫星定位导航系统，该系统由 12 颗卫星组成 CICADA 星座，轨道高度为 1 000 km，卫星的运行周期为 105 min。

虽然 NNSS 将导航和定位技术推向了一个崭新的发展阶段，但仍然存在着一些明显的缺陷。由于该系统卫星数目较少（6 颗工作卫星），运行高度较低（平均约为 1 000 km），从地面站观测到卫星的时间间隔也较长（平均约 1.5 h），无法进行全球性的实时连续导航定位服务。从大地测量学来看，由于它的定位速度慢（测站平均观测 1~2 d），精度较低（单点定位精度 3~5 m，相对定位精度约为 1 m），该系统在大地测量学和地球动力学研究方面受到了极大的限制。为了满足军事及民用部门对连续实时三维导航和定位的需求，第二代卫星导航系统——GNSS 便应运而生。NNSS 也于 1996 年 12 月 31 日停止发射导航及时间信息。

1.1.2 全球导航卫星系统

全球导航卫星系统（Global Navigation Satellite System，GNSS），是泛指所有的导航卫星系统，包括全球的、区域的和增强的导航卫星系统，如美国的 GPS、俄罗斯的 GLONASS、中国的北斗卫星导航系统（BDS）、欧盟的 GALILEO，以及相关的增强系统，如美国的 WAAS（广域增强系统）、欧洲的 EGNOS（欧洲静地导航重叠系统）和日本的 MSAS（多功能运输卫星增强系统）等。

早在 20 世纪 90 年代中期开始，欧盟为了打破美国、俄罗斯在卫星定位、导航、授时市场中的垄断地位，获取巨大的市场利益，增加欧洲人的就业机会，开始了民用全球导航卫星系统计划，称之为 "Global Navigation Satellite System"。该计划分两步实施：第一步是建立一个综合利用美国的 GPS 系统和俄罗斯的 GLONASS 系统的第一代全球导航卫星系统（当时称为 GPS-1，即后来建成的 EGNOS）；第二步是建立一个完全独立于美国的 GPS 系统和俄罗斯的 GLONASS 系统之外的第二代全球导航卫星系统，即 GALILEO（伽利略）卫星导航系统。

北斗卫星导航系统（BeiDou Navigation Satellite System，BDS）是中国自行研制的全球卫星导航系统。2019 年 9 月，北斗系统正式向全球提供服务，在轨的 39 颗卫星中包含 21 颗北斗三号卫星，其中有 18 颗运行于中圆轨道，1 颗运行于地球静止轨道，2 颗运行于倾斜地球同步轨道。2020 年 6 月 23 日，我国在西昌卫星发射中心用长征三号乙运载火箭，成功发射北斗系统第 55 颗导航卫星，标志着北斗卫星导航系统完成组网部署，形成自主可控、有全球覆盖能力的卫星导航系统。

目前，联合国卫星导航委员会已认定的供应商有北斗卫星导航系统（BDS）、美国 GPS、俄罗斯 GLONASS 和欧盟 GALILEO。由此可见，GNSS 从一问世起，就不是一个单一星座系统，而是一个包括 GPS、GLONASS、GALILEO 系统、北斗卫星导航系统（BDS）等在内的综合星座系统。

全球四大卫星导航系统介绍分析

1.1.3 卫星导航定位技术相对于常规测量技术的特点

相对于常规的测量手段来说，卫星导航定位技术的主要特点包括：

1. 功能多、用途广

GNSS 系统不仅可以用于测量、导航、精密定位、动态观测、设备安装，还可以用于测速、测时等，测速的精度可达 0.1 m/s，测时的精度可达几十纳秒，且其应用领域还在不断扩大。

2. 测站间无需通视

既要保持良好的通视条件，又要保障测量控制网具有良好的图形结构，这一直是经典测量技术在实践方面必须面对的难题之一。然而 GNSS 测量不要求测站之间相互通视，也就不再需要建造觇标。这一优点既可大大减少测量工作的时间和经费（一般造标费用约占总经费的 30% ~ 50%），同时又使点位的选择更为灵活。

需要注意的是，GNSS 测量虽不要求测站之间相互通视，但必须保持测站上空有足够开阔的净空，以保证卫星信号的接收不受干扰。

3. 定位精度高

已有的大量实践表明，目前在小于 50 km 的基线上，其相对定位精度可达 1×10^{-6} ~ 2×10^{-6} m 而在 100 ~ 500 km 的基线上可达 1×10^{-7} ~ 1×10^{-6} m。随着观测技术与数据处理技术的改善，有望在大于 1 000 km 的距离上，相对定位精度达到或优于 1×10^{-8} m。

4. 观测时间短

目前，利用经典的相对静态定位方法，完成一条基线的相对定位所需要的观测时间，根据精度的不同，为 1 ~ 3 h。为了进一步缩短观测时间，提高作业速度，近年来发展的短基线（不超过 20 km）快速相对定位法，观测时间仅需几分钟。

5. 提供三维坐标

GNSS 测量中，在精确测定测站平面位置的同时，还可以精确测定测站的大地高程。GNSS 测量的这一特点，不仅为研究大地水准面的形状和测定地面点的高程开辟了新的途径，同时也为其在航空物探、航空摄影测量及精密导航中的应用中，提供了重要的高程数据。

6. 操作简便

GNSS 测量的自动化程度很高，观测中测量员的主要任务只是安置并开关仪器、量取仪器高、监视仪器的工作状态、采集观测环境的气象数据，而其他观测工作，如卫星的捕获、跟踪观测、数据记录等均由仪器自动完成。

7. 全天候作业

GNSS 测量工作可以在任何时间、任何地点连续地进行，一般不受天气状况的影响。

综上所述，GNSS 定位技术的发展是对经典测量技术的一次重大突破。一方面，它使经典的测量理论与方法产生了深刻的变革；另一方面，也进一步加强了测量学科与其他学科之间的相互渗透，从而促进了测绘科学技术的现代化发展。

GNSS 简介

北斗卫星导航系统（BDS）与美国的 GPS、俄罗斯的 GLONASS、欧洲的 GALILEO 并称为全球四大卫星定位系统。

1.2.1 美国的全球定位系统

20 世纪 70 年代，美国陆海空三军联合研制了新一代卫星定位系统 GPS（Global Positioning System）。主要目的是为陆、海、空三大领域提供实时、全天候和全球性的导航服务，并用于情报搜集、核爆监测和应急通信等军事目的，经过二十余年的研究实验，耗资 300 亿美元，于 1994 年，将全球覆盖率高达 98% 的 24 颗 GPS 卫星星座布设完成（目前卫星数已经超过 35 颗）。GPS 系统主要由空间星座部分、地面监控部分和用户设备部分等三大部分组成。

1. 空间星座部分

1）GPS 卫星星座

GPS 的空间星座部分由 24 颗卫星组成，其中 21 颗工作卫星，3 颗可随时启用的备用卫星。工作卫星均匀分布在 6 个近圆形轨道面内，每个轨道面上有 4 颗卫星。卫星轨道面相对地球赤道面的倾角为 55°，各轨道平面升交点的赤经相差 60°，同一轨道上两卫星之间的升交角距相差 90°（图 1-1）。轨道平均高度为 20 200 km，卫星运行周期为 11 小时 58 分，每颗卫星可覆盖全球约 38% 的面积。在地平线以上的卫星数目随时间和地点而异，但任何地点、任何时刻，均能保证同时能观测到 4 颗以上卫星。

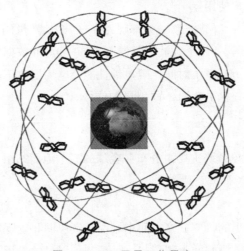

图 1-1 GPS 卫星工作星座

2）GPS 卫星及功能

GPS 卫星的核心部件是高精度的时钟、导航电文存储器、双频发射和接收机及微处理器。而定位成功的关键在于高稳定的频率标准，这由高度精确的时钟提供。1 ns 的时间误差将会引起 30 cm 的站星距离误差，因此，GPS 工作卫星上一般安置两台铷原子钟和两台铯原子钟，卫星钟由地面站检验，其钟差、钟速连同其他信息由地面站注入卫星后再转发给用户设备。

在 GPS 系统中，GPS 卫星的作用有以下 4 个方面：

（1）用 L 波段的两个无线载波（19 cm 和 24 cm）向用户连续不断地发送导航定位信号。每个载波用导航信息 D（t）和伪随机码测距信号进行双相调制。用于捕捉信号及粗略定位的伪随机码称 C/A 码，精密测距码称 P 码。由导航电文可以知道卫星当前的位置和工作情况。

（2）在卫星飞越注入站上空时，接收由地面注入站用 S 波段（10 cm）发送到卫星的导航电文和其他信息，并通过 GPS 适时地发送给用户。

（3）通过星载的高精度原子钟提供精密的时间标准。

（4）接收地面主控站通过注入站发送到卫星的调度命令，适时地改正运行偏差或启用备用时钟等。

3）GPS 卫星信号

GPS 卫星信号与导航电文是通过发射高频载波信号来传送的，振荡器产生一个基准频率 F_0 = 10.23 MHz 的高频载波信号，分别以 154 倍和 120 倍实现倍频后，形成两个载波频率（L_1 = 1 575.42 MHz，L_2 = 1 227.60 MHz）的信号，波长分别为 λ_1 = 19.03 cm，λ_2 = 24.42 cm。

GPS 卫星的三种码信号包括：

（1）P 码（精码）：两个载波被 F_0 调制的伪随机码，主要用于较精密的导航定位，只供美国军方和授权用户使用。

（2）C/A 码（粗码）：L_1 载波频率被调制为 $0.1F_0$ 的伪随机码，测距精度低。

（3）导航电文（D 码）：两个载波上都调制了 50 bit/s 的数据串，它向用户提供为计算卫星坐标用的卫星星历、系统时间、卫星钟性能及电离层改正参数等信息，包含每颗GPS 卫星的识别码，用以区分来自不同卫星的信号。

2. 地面监控部分

GPS 系统的地面监控系统主要由分布在全球的五个地面站组成，按其功能分为 1 个主控站、3 个注入站和 5 个监测站。

1）主控站

主控站设在美国本土的科罗拉多空间中心，负责协调和管理所有地面监控系统，其任务为：根据所有地面监测站的观测资料推算编制各卫星的星历、卫星钟差和大气层修正参数等，并把这些数据及导航电文传送到注入站；提供全球定位系统的时间基准；调整卫星状态和启用备用卫星；还具有监测站的功能等。

2）注入站

注入站分别设在印度洋的迭哥伽西亚、南太平洋的卡瓦加兰和南大西洋的阿松森群岛。其主要任务是将来自主控站的卫星星历、钟差、导航电文和其他控制指令注入相应卫星的存储系统，并监测注入信息的正确性，亦具有监测站的功能。

3）监测站

监测站含上述四个地面站，另一个设在夏威夷，主要任务为连续观测和接收所有GPS卫星发出的信号并监测卫星的工作状况，将采集到的数据连同当地气象观测资料和时间信息经初步处理后传送到主控站。

3. 用户设备部分

用户设备部分由 GPS 信号接收机、GPS 数据的后处理软件及相应的用户设备所组成。其作用是接收、跟踪、变换和测量 GPS 卫星所发射的 CPS 信号，以达到导航和定位的目的。GPS 接收机硬件，一般包括主机、天线、控制器和电源，主要功能是接收 GPS 卫星发射的信号，能够捕获到按一定卫星高度截止角所选择的待测卫星的信号，并跟踪这些卫星的运行，获得必要的导航和定位信息及观测量。用户设备一般为计算机及其终端设备、气象仪器等，主要功能是对所接收到的 GPS 信号进行变换、放大和处理，以便测量出 GPS 信号从卫星到接收机天线的传播时间，解译出 GPS 卫星所发送的导航电文，实时地计算出测站的三维位置，甚至三维速度和时间，并经简单数据处理而实现实时导航和定位。数据处理软件是指各种后处理软件包，其主要作用是对观测数据进行精加工，以便获得精密定位结果。

以上这三部分共同组成了一个完整的 GPS 系统。

4. 美国的 SA 政策与 AS 技术

美国为了防止未经许可的用户把 GPS 用于军事目的（进行高精度实时动态定位），于1989年11月至1990年9月，进行"SA 政策"和"AS 技术"的实验，并于1991年7月开始实施 SA 政策。

1）SA 政策

SA（Selective Availability）政策是选择可用性政策的简称，它是由两种技术使用户的定位精度降低，即δ（dither）技术和ε（epsilon）技术。δ技术是人为地施加周期为几分钟的呈随机特征的高频抖动信号，使 GPS 卫星频率 10.23 MHz 加以改变，最后导致定位产生干扰误差；ε技术是降低卫星星历精度，呈无规则的随机变化，使得卫星的真实位置增加了人为的误差。

美国为保障本国政府的利益与安全，使非特许用户不能获得高精度实时定位，美国国防部门对 GPS 工作卫星发播的信号实行 SA 政策，降低 GPS 卫星播发轨道参数的精度，降低利用 C/A 码进行单点定位的精度。在 SA 政策的影响下，伪距单点定位精度由 ±25 m 降到 ±50 m。大多商用 GPS 接收机只能使用降低了精度的 C/A 码。

美国政府考虑到 GPS 技术发展的趋势，已于 2001 年 5 月 1 日终止 SA 政策，使民用 C/A 码的精度得到了显著的改善。

2）AS 技术

AS（Anti-Spoofing）技术称为反电子欺骗技术。利用 GPS 定位过程中，当 P 码已被破解，或者有人掌握了特许用户接收机接收的卫星信号的频率和 P 码相位，便可以发射"适当"频率的干扰信号，诱使特许用户产生错误的定位信息。为了防止这种电子欺骗，美国政府采用 AS 技术，即使用严格保密的 W 码，通过 P 码和 W 码模二相加，将 P 码转换成 Y 码。这时，非特许用户将无法继续应用 P 码进行精密定位或电子欺骗。

1.2.2 俄罗斯的格洛纳斯卫星定位系统

GPS 系统的广泛应用，引起了世界各国的关注。苏联在全面总结 CICADA 第一代卫星导航系统经验的基础上，认真吸收了美国 GPS 系统的成功经验，自 1982 年 10 月开始研制发射第二代导航卫星——GLONASS 卫星，至 1996 年共发射 24 + 1 颗卫星，经数据加载、调整和检验，于 1996 年 1 月 18 日系统正式运行，主要为军用。

1. GLONASS 卫星星座

GLONASS 卫星均匀地分布在 3 个轨道平面内，轨道倾角为 64.8°，每个轨道上等间隔地分布 8 颗卫星。卫星距离地面高度为 19 100 km，卫星的运行周期为 11 时 15 分钟，GLONASS 卫星星座如图 1-2 所示。GLONASS 系统可进行卫星测距。民用的标准精度为：水平精度为 50 ~ 70 m，垂直精度 75 m，测速精度 15 cm/s，授时精度为 1 μs。民用无任何限制，不收费。GLONASS 系统的基础是 24 颗卫星，其在轨工作寿命为 8 年。截至 2020 年 10 月，GLONASS 系统有 27 颗卫星，其中 24 颗正常运行，1 颗为备用卫星，1 颗处于飞行试验中，1 颗在研究阶段中。值得注意的是，目前发射的均为"GLONASS-K"卫星，较之前的卫星能发出更大量的导航信号，使用寿命更长。

图 1-2　CLONASS 卫星星座

2. 地面控制系统

地面控制系统包括一个系统控制中心，一个指令跟踪站，网络分布在俄罗斯境内。指令跟踪站跟踪着 GLONASS 可视卫星，遥测所有卫星，进行测距数据的采集和处理，并向各卫星发送控制指令和导航信息。在地面控制站内有激光测距设备对测距数据作周期修正，为此所有 GLONASS 卫星上都装有激光反射镜。

3. 用户设备

GLONASS 接收机接收 GLONASS 卫星信号并测量其伪距和速度，同时从卫星信号中选出并处理导航电文，计算出接收机位置坐标的 3 个分量、速度的 3 个分量和时间。

虽然 GLONASS 全球导航卫星系统进展较快，但生产接收机的厂家较少，且多为专用型。值得注意，GPS 和 GLONASS 双系统信号接收机有很多优点：同时可接受的卫星数目约增加一倍，可以明显改善被测卫星的几何分布，在一些遮挡物较多的城市或森林地区，可提高定位精度。还可以有效地消除美、俄两国对各自系统的可能控制，提高定位的安全性和可靠性。

1.2.3 欧洲的伽利略全球卫星导航系统

GPS 定位系统和 GLONASS 定位系统分别受到美国和俄罗斯两国军方的严密控制，其信号的可靠性无法得到保证，导致欧洲长期以来只能在美、俄的授权下从事接收机制造、导航服务等从属性的工作。为了能在卫星导航领域占有一席之地，欧洲认识到建立拥有自主知识产权的卫星导航系统的重要性。同时在欧洲一体化进程中，建立欧洲自主的卫星导航系统将会全面加强欧盟诸成员国之间的联系和合作。在这种背景下，欧盟启动一个军民两用并与现有的卫星导航系统相兼容的全球卫星导航计划——伽利略（GALILEO）计划。

1. 伽利略计划的内容

欧盟在 1992 年 2 月首次提出伽利略计划。计划分成四个阶段：论证阶段，时间为 2000 年；系统研制阶段，包括研制卫星及地面设施、系统在轨确认，时间为 2001—2005 年；星座布设阶段，包括制造和发射卫星，地面设施建设并投入使用，时间为 2006—2007 年；运营阶段，从 2008 年开始。伽利略计划投资预算约为 32.5 亿欧元，服务范围覆盖全球，可以提供导航、定位、时间、通信等服务，其服务方式包括开放服务、商业服务和官方服务三个方面。

2. 伽利略卫星导航系统组成及特点

伽利略卫星导航系统的基本结构包括星座与地面设施、服务中心、用户接收机等。卫星星座由 30 颗卫星（27 颗工作卫星和 3 颗备用卫星）组成，卫星采用中等地球轨道，均匀分布在高度约为 23 616 km 的 3 个中高度圆轨道面上，倾角为 56°。地面控制设施包括卫星控制中心和提供各项服务所必需的地面设施，用于管理卫星星座及测定和传播集成信号。卫星的设计寿命为 20 年，卫星信号将采用 4 种位于 L 波段的多载频来发射，其频率分别为：E5a：1 176.45 MHz；E5b：1 207.14 MHz；Eb：1 278.75 MHz；E_2-L_1-E_1：1 575.42 MHz。

伽利略系统的主要特点是向用户提供公开服务、安全服务、商业服务、政府服务等不同模式的多服务。它除具有与 GPS 系统相同的全球导航定位功能以外，还具有全球搜寻援救功能。为此，每颗伽利略卫星还装备一种援救收发器，接收来自遇险用户的求援信号，并将它转发给地面援救协调中心，后者组织对遇险用户的援救。与此同时，伽利略系统还向遇险用户发送援救安排通报，以便遇险用户等待援救。伽利略接收机不仅可以接收本系统信号，而且可以接收 GPS 和 GLONASS 这两大系统的信号，并且实现导航功能和移动电话功能的结合。

我国政府与欧盟在伽利略卫星导航系统方面进行了深层次的合作。2003 年 9 月 18 日，我国科技部与欧盟能源交通司草签了合作协议。双方在伽利略计划的实施过程中将开展广泛的合作，合作领域包括卫星的制造和发射、无线电传播环境实验、地面系统、接收机标准等。

中国北斗卫星导航系统介绍

1.2.4　我国的北斗卫星导航系统

北斗卫星导航系统（BeiDou Navigation Satellite System，BDS）是中国自主建设、独立运行，并与世界其他卫星导航系统兼容共用的全球卫星导航系统，包括北斗一号、北斗二号和北斗三号三代导航系统。其中北斗一号为试验阶段，共发射了 4 颗实验卫星，覆盖国内区域；北斗二号有 14 颗组网卫星（实际上共发射了 23 颗），可实现亚太地区的覆盖；北斗三号则包含 30 颗组网卫星（实际发射 32 颗），可实现全球覆盖，精度可媲美 GPS。北斗卫星导航系统可在全球范围内全天候、全天时为各类用户提供高精度、高可靠的定位、导航、授时服务，并兼具短报文通信能力。该系统主要服务我国国民经济建设，旨在为我国的交通运输、气象、石油、海洋、森林防火、灾害预报、通信、公安以及国家安全等诸多领域提供高效的导航定位服务。

1. 北斗一号卫星导航定位系统

卫星导航定位系统涉及政治、经济、军事等众多领域，对维护国家利益有重大战略意义。我国自 2000 年以来发射了 4 颗北斗导航试验卫星，组成了具有完全自主知识产权的第一代北斗卫星导航试验系统——北斗一号。该系统是全天候、全天时提供卫星导航信息的区域导航系统。该系统建成后，主要为公路交通、铁路运输、海上作业等领域提供导航定位服务，对我国国民经济和国防建设起到有力的推动作用。第一代北斗一号卫星导航定位系统由 3 颗地球静止轨道卫星组成，其中 2 颗工作，1 颗在轨备用。登记的卫星位置为赤道面东经 80°、140°、110.5°（备用）。登记的频段是：上行为 L 频段

（1 610 ~ 1 626.5 MHz），下行为 S 频段（2 483.5 ~ 2 500 MHz）。

北斗一号卫星导航定位系统定位的基本原理是空间球面交会测量原理，就是以两颗卫星的已知坐标为圆心，各以测定的本星至用户机的距离为半径，形成两个球面，用户机必然位于这两个球面的交线的圆弧上，如图 1-3 所示。中心站电子高程地图库提供的是一个以地心为球心，以球心至地球表面高度为半径的非均匀球面。求解圆弧线与地球表面的交点，并已知目标在北半球，即可获得用户的二维位置。定位过程采用了主动式定位方法，地面中心站通过两颗卫星向用户广播询问信号，根据用户的应答信号，测量并计算出用户到两颗卫星的距离；然后根据地面中心的数字地图，由中心站计算出用户到地心的距离，根据卫星 1、卫星 2 和地面中心站的已知坐标，以及已知用户目标在赤道平面的北侧，中心站便可计算出用户的三维位置，用户的高程则由数字地面高程求出。用户的三维位置由卫星加密后播发给用户。北斗卫星导航系统有以下三大功能：

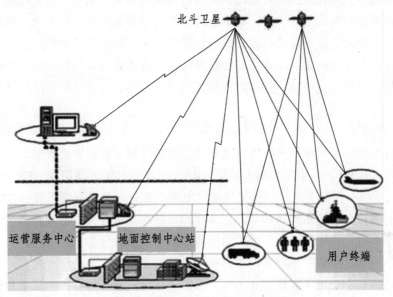

图 1-3 "北斗双星"导航定位原理

1）快速定位

北斗卫星导航系统可为服务区域内用户提供全天候、高精度、快速实施定位服务。根据不同的精度要求，利用授时终端，完成与北斗卫星导航系统之间的时间和频率同步，可提供数十纳秒级的时间同步精度。

2）简短通信

北斗卫星导航系统用户终端具有双向短报文通信能力，可以一次传送超过 100 个汉字的信息。

3）精密授时

北斗卫星导航系统具有单向和双向两种授时功能。

2. 北斗二号卫星导航定位系统

为了满足我国国民经济和国防建设的发展要求，我国在 2007 年初发射两颗北斗静止轨道导航卫星，2008 年为满足中国及周边地区用户的卫星导航的需求，并进行组网试验。初步建设成由 5 颗静止轨道卫星、30 颗非静止轨道卫星组成的卫星导航定位系统，并逐步扩展为全球卫星导航定位系统（北斗二号）。北斗二号卫星导航系统由空间段、地面段、用户段三部分组成。

1）空间段

空间段包括五颗静止轨道卫星和三十颗非静止轨道卫星。地球静止轨道卫星分别位于东经 58.75°、80°、110.5°、140° 和 160°，非静止轨道卫星由 27 颗中圆轨道卫星和 3 颗同步轨道卫星组成。

2）地面段

地面段包括主控站、卫星导航注入站和监测站等若干个地面站。主控站主要任务是收集各个监测站段观测数据，进行数据处理，生成卫星导航电文和差分完好性信息，完成任务规划与调度，实现系统运行管理与控制等。注入站主要任务是在主控站的统一调度下，完成卫星导航电文、差分完好性信息注入和有效载荷段控制管理。监测站接收导航卫星信号，发送给主控站，实现对卫星段跟踪、监测，为卫星轨道确定和时间同步提供观测资料。

3）用户段

用户段包括北斗系统用户终端以及与其他卫星导航系统兼容的终端。系统采用卫星无线电测定（RDSS）与卫星无线电导航（RNSS）集成体制，既能像 GPS、GLONASS、GALILEO 系统一样，为用户提供卫星无线电导航服务，又具有位置报告以及短报文通信功能。按照用户的应用环境和功能，北斗用户终端机可分为以下几种类型：

（1）基本型：是用于一般车辆、船舶及便携等用户的导航定位应用，可接收和发送定位及通信信息，与中心站及其他用户终端机双向通信。

（2）通信型：适用于野外作业、水文预报、环境监测等各类数据采集和数据传输用户，可接收和发送短信息、报文，与中心站及其他用户终端机双向或单向通信。

（3）授时型：适用于授时、校时、时间同步等用户，可提供数十纳秒级的时间同步精度。

（4）指挥型：适用于小型指挥中心的调度指挥、监控管理等用户，具有鉴别、指挥其下属其他北斗用户终端机的功能。可与下属用户机及中心站进行通信，接收下属用户报文，并向下属用户发送指令。

（5）多模型用户机：既能利用北斗系统导航定位或通信信息，又可以利用 GNSS 系统或 GNSS 增强系统的卫星信号导航定位，适用于对位置信息要求比较高的用户。

3. 北斗三号卫星导航定位系统

北斗三号卫星导航系统由 24 颗地球中圆轨道卫星（MEO）、3 颗倾斜地球同步轨道卫星（IGSO）和 3 颗地球静止轨道卫星（GEO）组成（实际发射 32 颗），共同构成了北斗三号星座大家族，如图 1-4 所示。

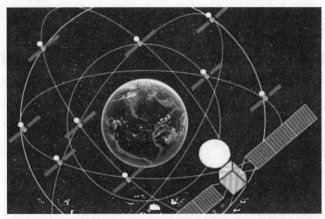

图 1-4　北斗三号卫星星座

每种类型的卫星都有其独特功用，根据各自运行轨道特点和承载功能，既各司其职，又优势互补，共同为全球用户提供高质量的定位导航授时服务。北斗系统集成了 MEO、IGSO 和 GEO 三种轨道的混合星座构型的优势，实现了覆盖全球、突出区域，功能丰富、效费比高，循序渐进、分步实施的设计目标。我国北斗系统发展战略为到 2035 年建成以北斗为核心的综合定位导航授时体系。

北斗系统的水平和高程定位精度实测均优于 5 m，通过遍布全国 2 600 个地基增强站组成的地基增强系统，可提供米级、分米级、厘米级等增强定位精度服务。

（1）地球中圆轨道卫星（MEO）运行在约 2 万 km 高度的轨道，作为北斗全球组网的主要成员，其星下点轨迹不停地画着波浪线，以便覆盖到全球更广阔的区域。MEO 卫星因其全球运行、全球覆盖的特点，是全球卫星导航系统中实现全球服务的最优选择。

（2）倾斜地球同步轨道卫星（IGSO）运行周期与地球自转周期相同，星下点轨迹呈现"8"字形。单星覆盖区域较大，3 颗卫星即可覆盖亚太大部分地区。作为高轨道卫星，信号抗遮挡能力强，尤其在低纬度地区，其性能特点更为明显。

（3）地球静止轨道卫星（GEO）位于距地球约 3.6 万 km、与赤道平行且倾角为 0°的轨道。理论上，星下点轨迹（即卫星运行轨迹在地球上的投影）是一个点，始终随着地球自转而动。

4. 北斗卫星导航系统的优势

1）覆盖全球、突出区域

MEO 卫星全球运行，支撑实现了全球覆盖和全球服务；GEO 卫星和 IGSO 卫星组成的区域星座，既实现了对亚太区域良好的几何构型，也可在重点区域、遮挡区域等获得更好的星座性能，显著增强北斗在重点服务区的导航性能。

2）功能丰富、效费比高

除基本定位导航授时服务外，GEO 卫星还承载了区域短报文通信、精密单点定位、星基增强等服务功能，MEO 卫星还承载了全球短报文通信、国际搜救等服务功能。

3）首创采用 Ka 频段测量型星间链路技术，测量精度更优

星间链路是指卫星之间建立的通信链路，是卫星与卫星之间以电磁波方式实现的信息共享、具有数据传输和测距功能的无线链路，可以将多颗卫星互联在一起组成卫星网络。Ka 频段测量型星间链路技术使所有北斗卫星连成一个大网，每颗星之间可以"通话"，可以测距，一星通、星星通，使卫星定位的精度大幅度提高。同时各个卫星的星载原子钟之间可以同步走，提高了整个导航系统时间同步的精度。北斗星间链路系统，7 万 km 测距精度达到厘米级，测量精度高于 GPS。

任务 1.3 GNSS 在国民经济建设中的应用

GNSS 性能优异，应用范围极广。可以说，在需要导航和定位的部门都可得到广泛利用。GNSS 的产生和应用是导航定位技术的一场革命。

1.3.1　GNSS 技术的应用

GNSS 中的 GPS 最初设计的主要目的是用于导航、收集情报等军事目的。但后来的应用开发表明，GPS 不仅可以达到上述目的，而且用 GPS 卫星信号能够进行厘米级甚至毫米级精度的静态相对定位，米级至亚米级精度的动态定位，亚米级至厘米级精度的速度测量和纳秒级精度的时间测量。具体地说，GNSS 具有以下方面的主要应用：

1. 导　航

目前 GNSS 导航型接收机的应用非常普遍，可以实时为使用者提供三维位置、航向、航迹、速度、里程、距离等导航信息，广泛地用于旅游、探险等行业。例如，在手机中加入 GNSS 而生成的"导航手机"可实时确定用户所在位置，并显示出附近地势、地形、街道索引的道路蓝图；基于 GNSS 技术的车辆监控管理系统，可实时确定汽车的动态位置（经度、纬度、高度）、时间、状态等信息，实时地通过无线通信网链传至监控中心，在具有强大的地理信息处理、查询功能的电子地图上显示移动目标的运动轨迹，对车辆准确位置、速度、运动方向、车辆状态等用户感兴趣的参数进行监控和查询，以确保车辆的安全，方便调度管理，提高运营效率；基于 GNSS 技术的智能车辆导航仪，以电子地图为监控平台，通过 GNSS 接收机实时获得车辆的位置信息，并在电子地图上显示出车辆的运动轨迹。当接近路口、立交桥、隧道等特殊路段时可以进行语音提示。作为辅助导航仪，可规划的行进路线使司机无论在熟悉或不熟悉的地域都能迅速到达目的地，该装置还设有最佳行进路线选择及线路偏离报警等多项辅助功能（图 1-5）。

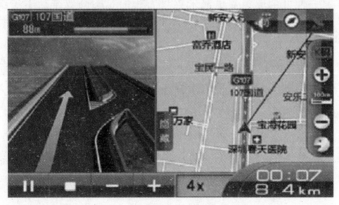

图 1-5　GNSS 汽车导航定位

2. 授　时

随着社会的发展、生活节奏的加快，人类对时间的认识越来越深刻。准确、可靠的时间对社会和我们每个人都是十分重要的。目前各国都竞相研制各种授时和校时手段。授时方法有长、短波授时，GNSS 时间信号、卫星授时，电话授时和计算机网络授时等，GNSS 成为最为方便、最为精确的授时方法之一。

3. 高精度、高效率的地面测量

GNSS 已广泛应用于高精度大地测量和控制测量、地籍测量、工程测量、道路和各种线路放样、水下地形测量、大坝和大型建筑物变形监测及地壳运动观测等领域。特别是用于山区的大地测绘相对传统方法可节省大量的时间、人力、物力和财力。

4. GNSS 连续运行站网和综合服务系统的应用

在全球各地基于 GNSS 连续运行站的基础上组成的 IGS（International GNSS Service），是 GNSS 连续运行站网和综合服务系统的范例。它无偿向全球用户提供 GNSS 各种信息，如 GNSS 精密星历、快速星历、预报星历、IGS 站坐标及其运动速率、IGS 站所接收的信号的相位和伪距数据、地球自转速率等。在大地测量和地球动力学方面支持了电离层、气象、参考框架、精密时间传递、高分辨率地推算地球自转速率及其变化、地壳运动等科学项目。日本已建成约 1 400 个 GNSS 永久跟踪基站。在以监测地壳运动和预报地震为主要功能的基础上，也结合气象和大气部门开展 GNSS 大气学的服务。

5. GNSS 在卫星测高、地球重力场中的应用

重力探测技术的重要进展是开创了卫星重力探测时代，GNSS 为卫星跟踪卫星（SST）和卫星重力梯度（SGG）测量提供了精确的卫星轨道信息和时间信息，包括观测卫星轨道摄动以确定低阶重力场模型，利用卫星海洋测高，直接确定海洋大地水准面以及 GNSS 结合水准测量直接测定大陆大地水准面，可获得厘米级的大地水准面。这一重力探测技术的突破，提供了一种可全球覆盖重复采集重力场信息的高效率技术手段。

6. 公共安全和救援应用

GNSS 对火灾、犯罪现场、交通事故、交通堵塞等紧急事件的快速响应，可将损失降到最低。有了它的帮助，救援人员就可在人迹罕至、条件恶劣的大海、山野、沙漠，对失踪人员实施有效的搜索、救援。装有 GNSS 装置的交通工具在发生险情时，可及时定位、报警，使之能更快、更及时地获得救援。老人、孩童以及智障人员佩戴由 GNSS、GIS 与 GSM 整合而成的协寻装置，当发生协寻事件时，协寻装置会自动由发射器送出 GNSS 定位信号。即使在无 GNSS 定位信号的室内时，亦可通过 GSM 定位方式得知协寻对象的位置。

7. 农业应用

当前，发达国家开始把 GNSS 技术引入农业生产，即所谓的"精准农业耕作"。该方法利用 GNSS 进行农田信息定位获取，包括产量监测、土壤采集等，计算机系统通过对数据的分析处理，决策出农田土地的管理措施，把产量和土壤状态信息载入带有 GNSS 设备的喷湿器中，从而精确地给农田地块施肥、喷药。通过实施精准耕作，可在尽量不减产的情况下，降低农业生产成本，有效避免资源浪费，降低因施肥除虫对环境造成的污染。

1.3.2　GNSS 系统的应用前景及在我国的应用概况

利用 GNSS 信号可以进行海、陆、空、地的导航，导弹制导，大地测量和工程测量的精密定位、时间传递和速度测量等。在测绘领域，GNSS 定位技术已用于建立高精度的大地测量控制网，测定地球动态参数；建立陆地及海洋大地测量基准，进行高精度海陆联测及海洋测绘；监控地球板块运动状态和地壳变形。在工程测量方面，GNSS 已成为建立城市与工程控制网的主要手段；在精密工程的变形检测方面，它也发挥着极其重要的作用。同时 GNSS 定位技术也用于测定航空航天摄影瞬间相机的位置，可在无地面控制点或仅有少量地面控制点的情况下进行航测快速成图，引起了地理信息系统及全球环境遥感监测的技术革命。

在日常生活方面应用是一个难以用数字预测的广阔领域，手表式的 GNSS 接收机，将成为旅游者的忠实导游。GNSS 将像移动电话、计算机、互联网一样，人们的日常生活将离不开它。GNSS、RS（Remote System）、GIS 技术的集成，是 GNSS 的一个重点应用方向。

我国的航天科技事业在自力更生、艰苦创业的征途上，逐步建立和发展，跻身于世界先进水平的行列。2005 年 10 月，成功地发射了"神舟六号"航天飞船，这表明我国已成为世界空间强国之一。从 1970 年 4 月把第一颗人造卫星送入轨道以来，我国已成功地发射了 30 多颗不同类型的人造卫星，为空间大地测量工作的开展创造了有利的条件。

20 世纪 70 年代后期，有关单位在从事多年理论研究的同时，引进并研制成功了各种人造卫星观测仪器。其中有人卫摄影仪、卫星激光测距仪和多普勒接收机。根据多年的观测实践，完成了全国天文大地网的整体平差，建立了 1980 国家大地坐标系。

20 世纪 80 年代初，我国一些院校和科研单位已开始研究 GPS 技术。80 年代中期，我国引进 GPS 接收机，并用于各个领域，同时着手研究建立我国自己的卫星导航系统。

我国的《全球定位系统（GPS）测量规范》（CH 2001—1992）于 1992 年 10 月 1 日起实施，之后还颁布实施了《全球定位系统城市测量技术规程》（CJJ/T 73—1997）等一系列行业规程规范并数次更新。

在大地测量方面，利用 GNSS 技术开展国际联测，建立全球性大地控制网，提供高精度的地心坐标，测定和精化大地水准面。2020 年珠峰高程测量工作中，我国综合运用 GNSS 卫星测量、水准测量、光电测距、雪深雷达测量、航空重力和遥感测量、似大地水准面精化和实景三维建模等多种传统和现代测绘技术，最新确定基于全球高程基准的珠峰雪面高程为 8 848.86 m。

在工程测量方面，应用 GNSS 静态相对定位技术，布设精密工程控制网，用于城市和矿区油田地面沉降监测、大坝变形监测、高层建筑变形监测、隧道贯通测量等精密工程。加密测图控制点，应用 GNSS 实时动态定位技术测绘各种比例尺地形图和施工放样。

在航空摄影测量方面，我国测绘工作者也经历了应用 GNSS 技术进行航测外业控制测量、航摄飞行导航、机载 GNSS 航测等航测成图的各个阶段。

在地球动力学方面，GNSS 技术用于全球板块运动监测和区域板块运动监测。我国已运用 GNSS 技术监测南极洲板块运动、青藏高原地壳运动、四川鲜水河地壳断裂运动，建立了中国地壳形变观测网、三峡库区形变观测网、首都圈 GNSS 形变观测网等，地震部门在我国多地地震活动断裂带布设规模较大的地壳形变 GNSS 监测网。

在海洋测绘方面，GNSS 技术已经用于海洋测量、水下地形测绘。

在科研院所，广泛地开展了 GNSS 静态定位和动态定位的理论和应用技术的研究，研制开发了一系列 GNSS 高精度定位软件和 GNSS 网与地面网联合平差软件以及精密定轨软件，实现了商品化，并打入国际市场。在理论研究与应用开发的同时，培养和造就了一大批技术人才。

我国在 GNSS 卫星定轨跟踪网及 GNSS 精密星历服务工作方面取得了显著成果。先后建成了北京、武汉、上海、西安、拉萨、乌鲁木齐等永久性的 GNSS 跟踪站，进行对 GNSS 卫星的精密定轨，为高精度的 GNSS 定位测量提供观测数据和精密星历服务，致力于为我国自主的广域差分 GNSS（WADGNSS）方案的建立，参与全球导航卫星系统（GNSS）和 GNSS 增强系统（WAAS）的筹建。同时，我国已着手建立自己的卫星导航系统（双星定位系统），能够生产导航型和大地型 GNSS 接收机。在我国，GNSS 技术的应用正向更深层次方向发展。

此外，在军事部门、交通部门、邮电部门、地矿、煤矿、石油、建筑、农业、气象、土地管理、金融、公安等部门和行业，在航空航天、测时授时、物理探矿、姿态测定等领域，也都开展了 GNSS 技术的研究和应用。GNSS 已遍及国民经济各种部门，并开始逐步深入人们的日常生活，卫星定位系统已成为继通信、互联网之后的第三个 IT 增长点。

现在 GNSS 技术已发展成多领域(陆地、海洋、航空航天)、多模式（GNSS、LADGNSS、WADGNSS）、多用途（在途导航、精密定位、精确定时、卫星定轨、灾害监测、资源调查、工程建设、市政规划、海洋开发、交通管制等）、多机型（测地型、定时型、手持型、集成型、车载式、船载式、机载式、星载式、弹载式等）的高新技术国际性产业。其应用领域，上至航空航天，下至捕鱼、导游和农业生产，已经无所不在了。

1. 简述 GNSS 的定义。
2. 美国的 SA 政策与 AS 技术分别指的是什么？
3. 北斗三号卫星导航系统中有哪几类轨道卫星？
4. 北斗卫星导航系统优势体现在哪里？

项目 2　GNSS 导航定位基础

1. 了解卫星信号的构成及发送方法、星历的分类及其用途；
2. 理解 GNSS 定位的原理；
3. 熟悉不同坐标系的定义及转换方法；
4. 掌握 GNSS 导航电文的内容和 GNSS 的高程系统和时间系统。

任务 2.1　GNSS 卫星信号

GNSS 卫星信号是 GNSS 卫星向广大用户发送的用于导航定位的调制波，它的特点是：

（1）能够保密通信，能够抗干扰；

（2）能对各卫星发射的信号区分选择；

（3）能够精密定位和实时导航。

2.1.1　GNSS 卫星信号的构成

GNSS 卫星发射的信号由测距码、载波信号和导航电文（数据码）组成。这三种信号分量都受卫星原子钟的基准频率控制，如图 2-1 所示，以 GPS 为例，GPS 原子钟的基准频率 $F_0 = 10.23 \text{ MHz}$。

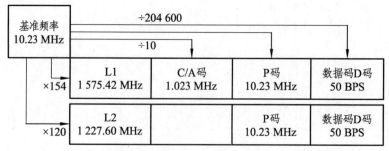

图 2-1　GPS 卫星信号示意图

1. 测距码

测距码包括 C/A 码，P 码（或 Y 码）。

1）C/A 码

C/A 码是用于粗测距和捕获 GPS 卫星信号的伪随机码。它被调制在 L1 载波上，是 1.023 MHz 的伪随机噪声码（PRN 码），提供给民用。

C/A 码的特点：① 易于捕获，且通过 C/A 码提供的信息，又可方便捕获 P 码；② 码元宽度较大。假设两个序列的码元对齐误差为码元宽度的 1/100，则相应的测距误差达 2.9 m，因此也称粗码。

2）P 码

P 码又被称为精码，它被调制在 L1 和 L2 载波上，是 10.23 MHz 的伪随机噪声码。P 码的宽度为 C/A 码的十分之一，由 P 码引起的相应距离误差约为 0.29 ~ 2.93 m，可用于较精密的导航和定位，称为精码。在实施 AS 技术时，P 码与 W 码进行模二相加生成保密的 Y 码，此时一般用户无法利用 P 码进行导航定位。

P 码的一个整周期被分为 38 部分，其中，5 部分由地面监控站使用，32 部分分配给不同的卫星，1 部分闲置。这样，每颗卫星所使用的 P 码具有不同的结构，但码长和周期相同。

2. 载波信号

在无线电通信技术中，为了有效且高质量的传播信息，都是将频率较低的信号加载在频率较高的载波上，此过程称为调制。GPS 卫星的 L1 和 L2 载波上携带着测距信号和导航电文传送出去，到达用户接收机。频率为 1 575.42 MHz 的 L1 载波和频率为 1 227.60 MHz 的 L2 载波的波长分别为 19.03 cm 和 24.42 cm。

采用两个不同频率载波的主要目的是更好地消除电离层延迟。采用高频率载波的目的是更精确地测定多普勒频移和载波相位（对应的距离值），从而提高测速和定位的精度，减少信号的电离层延迟，因为电离层延迟与信号频率 f 的平方成反比。

在 GPS 系统中，载波除了能更好地传送测距码和导航电文这些有用信息外，在载波相位测量中它又被当作一种测距信号来使用，其测距精度比伪距测量的精度高 2 ~ 3 个数量级。因此，载波相位测量在高精度定位中得到了广泛的应用。

3. 导航电文

导航电文又称数据码或 D 码，它被调制在 L1 载波上。导航电文的内容包含有关卫星的星历、卫星工作状态、时间系统、卫星钟运行状态、轨道摄动改正、大气折射改正等导航信息。这些信息以二进制码的形式，按规定格式组成，以 50 bit/s 的数据流调制在载频上向外播送。它分为预报星历和精密星历。

GNSS 卫星导航电文是一组二进制的数码序列。导航电文的基本单位是长 1 500 bit

的一个主帧。一个主帧包括 5 个子帧，第 1、2、3 子帧每 30 s 重复一次，内容每 1 h 更新一次；第 4、5 子帧的全部信息则需要 750 s 才能传送完，然后再重复之，其内容仅在卫星注入新的导航数据后才得以更新，如图 2-2 所示。

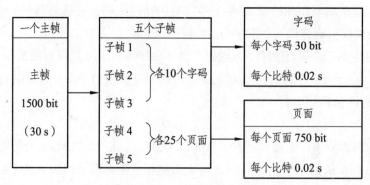

图 2-2　GNSS 卫星导航电文的基本构成

1）导航电文的内容

一个子帧的构成如图 2-3 所示，各帧导航电文的内容包括：遥测字、转换字（交接字）、数据块。

子帧号	1个子帧6 s长度，10个字，每个字30 bit				
1	TLM	HOW			数据块1-时钟校正参数
2	TLM	HOW			数据块2-星历表
3	TLM	HOW			数据块2-星历表（续）
4	TLM	HOW			数据块3-卫星历书等
5	TLM	HOW			数据块3-卫星历书等

图 2-3　一个子帧的构成

（1）遥测字。

遥测字位于各子帧的开头，作为捕获导航电文的前导，用来表明卫星注入数据的状态。

遥测字的内容及用途：

① 同步码，便于用户解密导航电文；

② 遥测电文，控制系统注入数据时的状态信息、诊断信息等；

③ 连接码，无意义；

④ 检验码，用于发现和纠正错误；

其中所含的同步信号为各子帧提供了一个同步的起点，使用户便于解译电文数据。

（2）交接字。

交接字紧接着各子帧开头的遥测字，主要向用户提供用于捕获 P 码的 Z 计数。

所谓 Z 计数是从每星期六/星期日子夜零时起算的时间计数。它表示下一子帧开始瞬间的 GPS 时。为了使用方便，Z 计数一般表示为从每星期六/星期日子夜零时开始发播的子帧数。因为每一子帧播送延续的时间为 6 s，所以下一子帧开始的瞬时即为 $6 \times Z$。通过交接字可以实时地了解观测瞬时在 P 码周期中所处的准确位置，以便迅速地捕获 P 码。

（3）数据块。

第一数据块：含有关于卫星钟改正参数及其数据龄期、星期的周数编号以及电离层改正参数和卫星工作状态等信息。

第二数据块：为用户提供计算卫星位置的信息。数据内容包括：星历参数（6 个开普勒轨道根数、9 个轨道摄动参数）、星历参考时刻（从星期日零时开始度量，以秒计）、星历龄期（表明卫星星历的可靠程度）

第三数据块：用户根据第三数据块提供的其他卫星的概略星历、时钟改正和卫星工作状态等数据，选择工作正常和位置适当的卫星，并较快地捕获到所选择的卫星和定位。

2）导航电文的传播过程

导航电文的传播过程：地面主控站编制导航电文传送到注入站，地面注入站将导航电文注入卫星的存储系统，接收机收到卫星传送的导航电文后解译、计算出测站的三维位置、速度和时间。

2.1.2　GNSS 卫星星历

卫星的星历就是一组对应某一时刻的轨道参数值，它是计算卫星瞬时位置的依据。GNSS 卫星星历分为历书数据、广播星历和实测星历。

1. 卫星运动理论基础

卫星的星历是描述卫星运行及其轨道的参数，它的主要作用是利用 GNSS 卫星系统进行导航定位时，计算卫星在空间的瞬时位置。卫星轨道指卫星在空间运行的轨迹。卫星轨道参数是描述卫星位置及状态的参数，轨道参数取决于卫星所受到的各种力的作用。

卫星在空间运行时，除了受地球重力场的引力作用外，还受到太阳、月亮及其他天体引力的影响，同时还受到大气的阻力、太阳光压力及地球潮汐的作用力等因素的影响。为了研究卫星运动的基本规律，一般将卫星受到的作用力分为中心引力和摄动力。

地球质心引力，即将地球看作密度均匀并由无限多的同心球层所构成的圆球，它对球外一点的引力等效于质量集中于球心的质点所产生的引力，称为中心引力。将地球视作匀质球体，且不顾及其他摄动力的影响，卫星只是在地球质心引力作用下而运动称为无摄运动。

摄动力，也称非中心引力，它包括地球非球形对称的作用力、日月引力、大气阻力、光辐射压力及地球潮汐作用力。

研究表明，不论摄动力的性质如何，都可以使用牛顿受摄运动方程解出卫星的受摄运动。通过研究牛顿受摄运动方程可知，由于卫星在运动中受到各种摄动力作用的影响，其轨道参数随时间而变化。若已知某一初始时刻的轨道参数，通过分析解算含有轨道参数的受摄运动方程，可以求得轨道参数的变率，从而求得任一时刻的轨道参数。这样，利用二体问题的运动方程就可以求得任一时刻的卫星位置和速度。

2. 历书数据

历书数据作为卫星信息的一部分定时更新和发布，GPS 历书主要包含所有卫星轨道参数和卫星钟差改正数。历书数据的作用是提供给用户足够的信息，以便接收机能捕获卫星，制订观测计划。

GPS 卫星的历书包含在导航电文的第四和第五子帧中，可以看作是卫星星历参数的简化子集。其每 12.5 分钟广播一次，寿命为一周，可延长至 6 个月。GPS 卫星历书用于计算任意时刻天空中任意卫星的概略位置，主要用途为：

（1）使卫星的码搜索有的放矢，避免"满天搜星"；

（2）找到任意卫星的概略 Doppler 频移，辅助频域搜索。

3. 广播星历

广播星历又称预报星历。卫星将地面监测站注入的有关卫星轨道的信息，通过发射导航电文传递给用户，用户接收到这些信号进行解码即可获得所需要的卫星星历，即广播星历。

卫星的预报星历，通常包括相对某一参考历元的开普勒轨道参数和必要的轨道摄动正项参数。参考历元的卫星开普勒轨道参数，也叫参考星历，它是根据 GPS 监测站约一周的观测资料推算的。

参考星历只代表卫星在参考历元的瞬时轨道参数，但是在摄动力的影响下，卫星的实际轨道随后将偏离其参考轨道，偏离的程度主要决定于观测历元与所选参考历元间的时间差。一般来说，如果我们用轨道参数的摄动项对已知的卫星参考星历加以改正，就可以外推出任意观测历元的卫星星历。

为了保持卫星预报星历的必要精度，一般采用限制预报星历外推时间间隔的方法。为此，GNSS 跟踪站每天都利用其观测资料，更新用以确定卫星参考星历的数据，以计算每天卫星轨道参数的更新值，并且，每天按时将其注入相应的卫星加以储存，以更新卫星的参考轨道之用。据此，GNSS 卫星发射的广播星历，每小时更新一次，以供用户使用。这样，如果将上述计算参考星历的参考历元选在两次更新星历的中央时刻，则外推的时间间隔最大将不会超过 0.5 h。从而可以在采用同样摄动力模型的情况下，有效地保持外推轨道参数的精度。预报星历的精度一般约为 20 ~ 40 m。

如图 2-4 所示，预报星历的内容包括：参考历元瞬间的开普勒 6 个参数，反映摄动力影响的 9 个参数，以及 1 个参考时刻和 1 个星历数据龄期，共计 17 个星历参数。这些参数通过 GNSS 卫星发射的含有轨道信息的导航电文传递给用户。

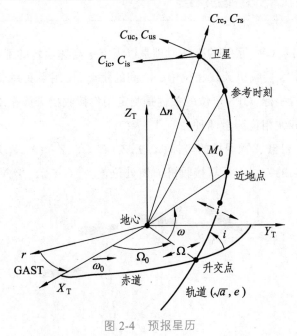

图 2-4　预报星历

GNSS 用户所接收到的卫星广播星历中，包括 17 个卫星星历参数和 2 个时间参数。

4. 精密星历

精密星历又称实测星历，是一些国家根据自己的卫星跟踪站观测资料，经过事后处理直接计算的卫星星历。它是一种不包含外推误差的实测星历，可为用户提供观测时刻的卫星精密星历，其精度可达米级，以后其精度有望进一步提高到分米级。这种星历不是通过 GNSS 卫星的导航电文向用户传递，一些国家某些部门，根据各自建立的卫星跟踪站所获得的对 GNSS 卫星的精密观测资料，应用与确定广播星历相似的方法而计算精密星历。然而，这种星历用户无法实时通过卫星信号而获得，而是利用磁带或通过电视、电传、卫星通信等方式在事后有偿地向用户提供所需要的服务。

任务 2.2 GNSS 定位原理

以 GPS 系统为例，GPS 系统的工作原理是以天空中高速运转的卫星的瞬时位置为已知量，观测卫星至 GPS 接收机天线相位中心之间的距离，使用空间距离后方交会的方法，计算接收机所处位置坐标。GPS 定位的关键是测定用户接收机天线至 GPS 卫星之间的距离，分伪距测量和载波相位测量两种。

如图 2-5 所示，已知四颗卫星的坐标 (X_1,Y_1,Z_1) (X_2,Y_2,Z_2) (X_3,Y_3,Z_3) (X_4,Y_4,Z_4)，使用空间距离后方交会的方法，计算接收机 P 所处位置坐标 (X_P,Y_P,Z_P)。

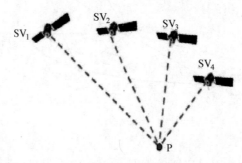

图 2-5　GNSS 定位原理

2.2.1　伪距测量

在待测点上安置 GNSS 接收机，通过测定某颗卫星发送信号与接收机接收到该信号的时间差 Δt，就可以求得卫星到该接收机的距离。

$$\rho' = c \cdot \Delta t \tag{2-1}$$

式中，c——电磁波在大气中传播的速度，m/s。

由于卫星和接收机的时钟均有误差，电磁波经过电离层和对流层时将产生传播延迟，式（2-1）计算得到的距离不是接收机到卫星的几何距离，而是伪距 ρ。

$$\rho = \rho' + c(\delta_t + \delta_T) + \delta_1 \tag{2-2}$$

式中，δ_t——卫星钟误差改正数，由卫星发出的导航电文给出；

δ_1——信号在大气中传播的延迟改正数，可用数学模型计算出来；

δ_T——接收机时钟相对于 GPS 时间的误差改正数，未知数。

假设 (X_S,Y_S,Z_S) 为卫星在世界大地坐标系中的位置矢量，可由卫星发出的导航电文

计算得到，(X,Y,Z)为接收机天线（待测点）在大地坐标系中的位置矢量，是待求的未知量。则两点间的距离可表示为

$$\rho = \sqrt{(X_S - X)^2 + (Y_S - Y)^2 + (Z_S - Z)^2} \tag{2-3}$$

由式（2-2）和（2-3）可知，每一个伪距观测方程中含有X, Y, Z和δ_T四个未知数。在任一测站只要同时对四颗卫星进行观测，取得四个伪距观测值，即可解算出四个未知数，从而求出待测点的坐标(X,Y,Z)。当同时观测的卫星多于 4 颗时，可用最小二乘法进行平差处理。

2.2.2　载波相位测量

载波相位测量是测量接收机接收到的具有多普勒频移的载波信号，与接收机产生的参考载波信号之间的相位差，通过相位差来求解接收机位置，如图 2-6 所示。载波相位观测是目前最精确的观测方法。

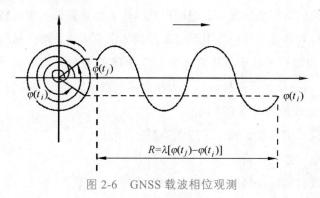

图 2-6　GNSS 载波相位观测

若不顾及卫星和接收机的时钟误差、电离层和对流层对信号传播的影响，在任一时刻 t 测定卫星载波信号在卫星处某时刻的相位 φ_s 与该信号到达待测点天线时刻的相位 φ_r 之差为

$$\varphi = \varphi_r - \varphi_s = N \cdot 2\pi + \delta_\varphi \tag{2-4}$$

式中，N——信号的整周期数；

δ_φ——不足整周期的相位差。

将时间换算为相位，则卫星与待测点间的距离可由相位差表示为

$$\rho = \frac{c\varphi}{f 2\pi} = \frac{c}{f}\left(N + \frac{\delta_\varphi}{2\pi}\right) \tag{2-5}$$

$$\rho = \frac{c}{f}\left(N + \frac{\delta_\varphi}{2\pi}\right) + c(\delta_t + \delta_T) + \delta_1 \tag{2-6}$$

$$\Delta\varphi = \frac{f}{c}(\rho - \delta_1) - f(\delta_t + \delta_T) - N \qquad (2\text{-}7)$$

式中，$\Delta\varphi$——相位差不足一周的小数部分。

相位测量只能测定不足一个整周期的相位差，无法直接测得整周期数 N，载波相位测量的解算比较复杂。N 又称整周模糊度，可由多种方法求出，它是提高作业速度的关键所在。

载波相位测量是利用卫星载波波长为单位进行量度的，载波 L1 和 L2 波长分别为 19.03 cm 和 24.42 cm，若测相的精度达到百分之一，则测量的分辨率可分别达到 0.19 cm 和 0.24 cm，测距中误差分别为 ±（3 ~ 5）mm 和 ±（3 ~ 7）mm。

2.2.3 精密单点定位

精密单点定位指利用载波相位观测值以及 IGS 等组织提供的高精度的卫星星历及卫星钟差来进行高精度单点定位的方法。

这种利用预报的精密星历或事后的精密星历作为起算数据，利用精密卫星钟差来替代用户 GNSS 定位观测值方程中的卫星钟差参数的定位方法，用户利用单台 GNSS 双频双码接收机的观测数据在数千万平方千米乃至全球范围内的任意位置都可以达到 2 ~ 4 mm 级的精度。精密单点定位技术，是实现全球精密实时动态定位与导航的关键技术，也是 GNSS 定位方面的前沿研究方向。

精密单点定位是多系统集成，它的优势有：

（1）不需要架设基准台站；

（2）单台接收机实现高精度的静态、动态定位；

（3）作业机动灵活；

（4）节约用户成本；

（5）提高作业效率；

（6）直接得到最新 ITRF 框架的三维地心坐标（ITRF2000）；

（7）获取绝对天顶对流层延迟参数。

任务 2.3 GNSS 测量的坐标系统

GNSS 定位的
坐标系统、时间系统

坐标系统是描述地物空间位置的参照系,通过定义特定基准及其参数形式来实现。

地球形状不规则,为了便于研究地球,确定点的空间位置并传递空间位置信息,必须建立一个与地球的大小及形状相似的、规则的、能用模型表示的椭球几何体,进一步建立大地坐标系。

GNSS 定位导航时,需要联合使用接收机所测得的站星距离和卫星在同一坐标系中的坐标。为了描述卫星和地球的运行位置和状态需要建立一个空间固定的坐标系,它与地球自转无关,称为天球坐标系或天文坐标系或惯性坐标系。

为描述地面点的相位位置,建立的以参考椭球为基准的坐标系,叫作参心坐标系;以总地球椭球为基准的坐标系叫作地心坐标系。参心坐标系和地心坐标都与地球体固连在一起,与地球同步运动因而又称为地固坐标系。以地心为原点的地固坐标系则称地心地固坐标系。

无论参心坐标系还是地心坐标系均可分为空间直角坐标系和大地坐标系两种。

2.3.1 天球坐标系

天球坐标系以地球质心为中心,以无穷大为半径的假想球体为天球。天球坐标系以天球面为基准面,以地球自转轴为天轴,天轴与天球面的交点为天极点。过球心且垂直于天轴的面为天球赤道面。地球公转轨道所在的面为黄道面。天球坐标系主要用于天文学研究。

天球坐标系有两种表示形式:天球空间直角坐标系和天球球面坐标系。

1. 天球空间直角坐标系

如图 2-7 所示,天球空间直角坐标系,地球质心为坐标原点,以地球自转轴为 Z 轴,X 轴通过圆心指向春分点,Y 轴与 X、Z 轴构成右手系。

2. 天球球面坐标系

如图 2-8 所示,天球球面坐标系以地球质心为坐标原点、赤经 α 是过地面点的天球子午面与过春分点子午面的夹角、赤纬 δ 是原点至地面点的连线与天球赤道面的夹角、向径 r 是原点至天体的距离。

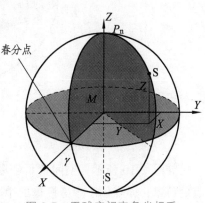

图 2-7 天球空间直角坐标系

029

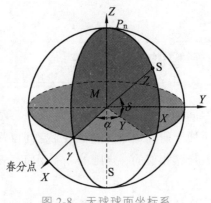

图 2-8 天球球面坐标系

2.3.2 地固坐标系

地固坐标系分为参心坐标系和地心坐标系。地固坐标系可表现为大地坐标系和空间直角坐标系。

1. 大地坐标系

大地坐标系的基准面为参考椭球面,基准线为法线,用经纬度和大地高来表示点的空间位置。

如图 2-9 所示,经度(L)是点所在经线圈与本初子午线的经差;纬度(B)是点所在的法线与赤道的夹角;大地高(H)是地面点沿法线至参考椭球面的距离。

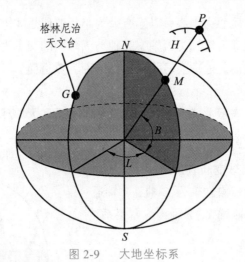

图 2-9 大地坐标系

2. 空间直角坐标系

如图 2-10 所示,空间直角坐标系的基准面为参考椭球面,用 X,Y,Z 坐标来表示点的位置,原点位于参考椭球的中心,Z 轴指向参考椭球的北极,X 轴指向起始子午面与赤道的交点,Y 轴位于赤道面上且与 X、Z 轴构成右手系。

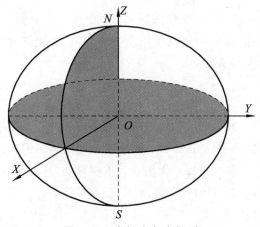

图 2-10　空间直角坐标系

3. 常见的地心坐标系

地心坐标系可以是以地球质心为原点建立的空间直角坐标系，也可以是球心与地球质心重合的地球椭球面为基准面所建立的大地坐标系。地心坐标系以总地球椭球为基准，由卫星大地测量控制网来维持，由空间大地测量技术实现。世界大地测量系统-1984（WGS-84 坐标系）和国家 2000 大地坐标系都是地心坐标系。

1）国际地球参考系统

国际地球参考系统（ITRS）只定义了空间直角坐标形式，而不提供椭球参数。当 ITRS 站点坐标需要以大地坐标形式来表达时，采用 GRS 80 椭球参数。ITRS 具有以下特点：

（1）原点为地球质心；

（2）长度单位为米，这一比例尺同地心局部的 TCG（地心坐标时）时间坐标一致。

（3）Z 轴指向国际时间局 BIH 1984.0 定义的协议地级 CTP；

（4）X 轴从地心指向格林尼治平均子午面与 CTP 赤道的交点；

（5）Y 轴与 X、Z 轴构成右手系。

2）WGS-84 坐标系

1984 年建立的世界大地坐标系，采用 GRS 80 椭球参数，是目前 GNSS 提供的定位信息的初始坐标系。

WGS-84 坐标系的原点为地球质心，Z 轴指向 BIH 1984.0 定义的协议地极 CTP 方向，X 轴指向 BIH 1984.0 的零子午面与 CTP 赤道的交点，Y 轴与 X、Z 轴构成右手系。

3）国家 2000 大地坐标系

国家 2000 大地坐标系我国的区域性地心坐标系。它的扁率、参考椭球和 WGS-84 坐标系不同。区域性地心坐标框架是通过在局部空间跟踪站获取的位置信息定位总地球椭球形成的坐标框架，它一般由三级结构构成，即卫星连续运行基准站构成的动态地心坐标框架，与动态基准站联测的准动态地心坐标框架，以及加密大地控制点。于 2008 年 7 月 1 日在我国全面启用。

国家 2000 大地坐标系椭球参数采用 GRS 80 椭球，原点为地球质心，Z 轴指向 BIH 1984.0 定义的协议地极 CTP 方向（历元 2 000.0），X 轴指向零子午面与赤道面的交点，Y 轴与 X、Z 轴构成右手系。

4. 常见的参心坐标系

参心坐标系是以参考椭球的几何中心为基准所建立的，是区域性坐标系，选用的局部参考椭球与区域大地水准面更加拟合。参心坐标系由国家天文大地控制网维持，由天文和大地测量技术实现。参心坐标系无法作为卫星导航定位框架。

常见的参心坐标系有北京 54 坐标系和西安 80 坐标系。

1）北京 54 坐标系

北京 54 坐标系的原点位于俄罗斯的普尔科沃天文台，参考椭球为克拉索夫斯基椭球，起始子午面不是格林尼治子午面，定向没有采用 CIO 协议地级，也没有采用我国的 JYD 协议地级，且与我国的重力基准不统一。北京 54 坐标系只经过了局部平差。

2）西安 80 坐标系

西安 80 坐标系的原点位于陕西省西安市泾阳县永乐镇，参考椭球为 IAG 75 椭球，椭球定位满足我国高程异常值平方和最小。

Z 轴指向 JYD 1968.0 协议地极（也可以说是历元 1980 年），X 轴指向零子午面与赤道面的交点，Y 轴与 X、Z 轴构成右手系。

西安 80 坐标系进行了全国天文大地网整体平差，有与地心坐标系的转换参数 DX-1、DX-2。

2.3.3 坐标转换

不论是将参心坐标系转换为地心坐标系，还是地心坐标系转换为参心坐标系，或其他参考椭球体之间坐标系的转换，一般都是将椭球坐标换算为相应空间直角坐标，通过空间直角坐标之间关系计算出转换参数。

如果已知两个空间直角坐标系之间的转换参数，可以使用三维转换模型将其转换为所需要空间直角坐标系的坐标，然后利用空间直角坐标系与大地坐标系之间的转换关系，将其转换为椭球坐标。

常用的三维转换模型有布尔莎模型和莫洛金斯基模型，其中布尔莎模型多应用在全球或较大范围的基准转换，莫洛金斯基模型在局部网的转换中比较适用。

1. 同一椭球间坐标系的投影变换

由点的空间直角坐标（X，Y，Z）与大地坐标（L，B，H）的互换，或由大地坐标系（L，B）与平面直角坐标（x，y）的互换。

同一参照系下大地坐标（L，B，H）转换为空间直角坐标（X，Y，Z）的公式为

$$\begin{bmatrix} X \\ Y \\ Z \end{bmatrix} = \begin{bmatrix} (N+H)\cos B \cos L \\ (N+H)\cos B \sin L \\ [N(1-e^2)+H]\sin B \end{bmatrix} \tag{2-8}$$

式中，N——卯酉圈半径；

e——参考椭球第一偏心率。

同一参照系下空间直角坐标（X，Y，Z）转换为大地坐标（L，B，H）的公式为

$$L = \arctan\left(\frac{Y}{X}\right) \tag{2-9}$$

$$B = \arctan\left[\frac{Z+e'^2 b \sin^3 \theta}{\sqrt{X^2+Y^2}-e^2 a \cos^3 \theta}\right] \tag{2-10}$$

$$H = \frac{\sqrt{X^2+Y^2}}{\cos B} - N \tag{2-11}$$

$$\theta = \arctan\left[\frac{z \times a}{\sqrt{X^2+Y^2} \times b}\right] \tag{2-12}$$

式中，e'——参考椭球第二偏心率；

a——参考椭球的长半轴；

b——参考椭球的短半轴。

2. 不同椭球间的坐标变换

不同椭球间的坐标变换，一般都是将椭球坐标换算为相应空间直角坐标，通过空间直角坐标之间关系计算出转换参数。

设任意点在 O_1 和 O_2 为原点的两坐标系中的坐标分别为 (X_{1i},Y_{1i},Z_{1i}) 和 (X_{2i},Y_{2i},Z_{2i})，则布尔莎模型为

$$\begin{bmatrix} X_{2i} \\ Y_{2i} \\ Z_{2i} \end{bmatrix} = \begin{bmatrix} \Delta X^B \\ \Delta Y^B \\ \Delta Z^B \end{bmatrix} + (1+m^B)\begin{bmatrix} X_{1i} \\ Y_{1i} \\ Z_{1i} \end{bmatrix} + \begin{bmatrix} 0 & \varepsilon_Z^B & -\varepsilon_Y^B \\ -\varepsilon_Z^B & 0 & \varepsilon_Z^B \\ \varepsilon_Y^B & \varepsilon_X^B & 0 \end{bmatrix}\begin{bmatrix} X_{1i} \\ Y_{1i} \\ Z_{1i} \end{bmatrix} \tag{2-13}$$

式中，ΔX^B、ΔY^B、ΔZ^B——平移参数；

ε_X^B、ε_Y^B、ε_Z^B——旋转参数；

m^B——尺度参数。

3. 坐标转换的步骤

1）三维坐标之间的转换

（1）大地坐标转换为相应的空间直角坐标；

（2）通过空间直角坐标之间关系计算出转换参数，然后进行空间直角坐标系直角的转换；

（3）将空间直角坐标与大地坐标转换。

2）参心坐标系之间的转换

参心坐标系一般难以获得三维大地坐标，不便采用 7 参数转换模型，通常使用二维 7 参数进行转换，二维 7 参数转换模型可以直接使用经纬度坐标转换。

4. 重合点选取的原则

（1）要选择等级高、精度高、分布均匀，局部变形小的重合点；

（2）采用二维转换模式选取 2 个以上的重合点；

（3）采用三维转换模式选取 3 个以上的重合点；

（4）重合点的分布要覆盖整个转换区域。

5. 坐标转换工作流程

（1）收集整理转换区域内重合点成果。

（2）重合点选取。重合点的数量要求与区域大小有关，一般至少 5 个。

（3）分析选取的转换参数计算方法与坐标转换模型。

① 平面转换：先投影带统一，再转换。

② 三维转换：先转为各自的空间直角坐标系，计算转换参数后，转换，再投影。

（4）确定转换参数。

（5）计算转换参数。

（6）据转换参数，计算重合点坐标残差，若残差>3 倍中误差，则剔除该点。重新计算转换参数，直到精度合格。或检查点较差计算，平面较差≤5 cm，高程较差≤$30\sqrt{D}$ mm。

（7）计算待转换点的目标坐标系下的坐标。

6. 影响坐标转换精度的因素

（1）已知点分布情况；

（2）已知点数量；

（3）已知点的精度匹配程度。

高程系统是相对于不同性质的起算面（如大地水准面、似大地水准面、椭球面）所定义的高程体系。高程系统有正高系统、正常高系统和大地高系统。我国采用正常高系统。正高和正常高是同一概念的理论值和实际应用值，而大地高为 GNSS 直接测得的某点高程。

2.4.1 大地高系统

大地高系统是以参考椭球面为基准面的高程系统。

某点的大地高是该点到通过该点的参考椭球的法线与参考椭球面的交点间的距离，见图 2-11。大地高也称为椭球高，大地高一般用符号 H 表示。大地高是一个纯几何量，不具有物理意义，同一个点，在不同的基准下，具有不同的大地高。

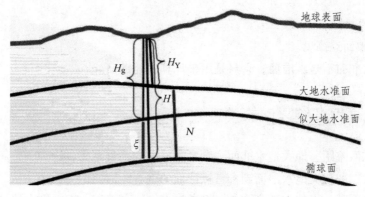

图 2-11　几种高程系统

在测量工作中，需要把外业测量的数据归算到参考椭球面时，需要计算大地高。GNSS 以地球质心为原点直接测量得到大地坐标，所以 GNSS 直接测得的某点高程为大地高。

2.4.2 正高系统

正高系统是以大地水准面为基准面的高程系统。

正高是地球表面某点到通过该点的铅垂线与大地水准面的交点之间的距离，又称海拔或绝对高程，正高用符号 H_Y 表示，见图 2-11。计算地面 A、B 两点间的正高的公式为

$$H_Y = \frac{W}{G} \qquad\qquad (2\text{-}14)$$

式中，W——A、B间的重力位差；

　　　G——平均重力。

2.4.3　正常高系统

正常高系统是以似大地水准面为基准的高程系统。

某点的正常高是该点到通过该点的铅垂线与似大地水准面的交点之间的距离，正常高用符号 H_g 表示，见图 2-11。

式（2-14）中的平均重力值 G 很难精确求得，用平均正常重力代替平均重力来计算两点间的高差即为正常高。

$$H_g = \frac{W}{\gamma} \qquad\qquad (2\text{-}15)$$

$$\gamma = \gamma_0 - 0.308\,6H \qquad\qquad (2\text{-}16)$$

式中，γ——正常重力；

　　　γ_0——地球平均正常重力；

　　　H——地面点高度。

似大地水准面不是水准面，它只是用于计算的辅助面。

2.4.4　高程系统之间的关系

大地水准面差距，即大地水准面到参考椭球面的垂直距离，记为 N。

高程异常，即似大地水准面到参考椭球面的垂直距离，记为 ξ。

如果设地面某一点的大地高为 H，正高为 H_Y，正常高为 H_g，则大地水准面差距为

$$N = H - H_Y \qquad\qquad (2\text{-}17)$$

高程异常为

$$\xi = H - H_g \qquad\qquad (2\text{-}18)$$

全球导航卫星定位系统,为保障各卫星发射的导航信号的精确同步,必须建立一个统一的时间参考,称为 GNSS 时间系统。

GNSS 时间系统包括时刻的参考标准和时间间隔的尺度标准。时间频率基准规定了"秒长"的尺度,时间基准的优劣直接影响卫星导航定位的精度。同时,不同卫星导航系统之间的时间的兼容和互操作也是各 GNSS 系统安全、协调运行的重要保证。

GNSS 时间系统是在某一区域或全球范围内,通过守时、授时、时间频率测量技术来实现和维持统一的。

1. 以地球自转周期(日)为基准的时间系统

早期人们把地球自转一周的时间作为时间计量的基准,将春分点连续两次上中天的时间间隔称为一个恒星日。

平太阳日:平均太阳位置连续两次经过本地子午圈的时间间隔。

世界时(UT):以格林尼治子夜起算的平太阳时称为世界时。

恒星时和世界时都是以地球自转周期(日)为基准的时间系统,差别是所选择的参考点不同。一个恒星日约等于世界时的 23 时 56 分 4 秒。

2. 以地球公转周期(年)为基准的时间系统

由于地球自转的速度不均匀,导致用其测得的时间不均匀。1960 年起,人们开始以地球公转运动为基准来度量时间,用历书时代替世界时。

历书时(ET):以地球公转为周期,通过观测月球来维护。

力学时(DT):以地球公转为基准,是历书时的延伸,代替了历书时。根据天体动力学理论的运动方程而编算,通过观测行星来维护。1967 年后,力学时被原子时取代。

3. 以原子钟为频率基准的时间系统

原子时(AT):以物质原子内部发射的电磁振荡频率为基准的时间系统。通过时间频率测量和比对的方法来维护。

原子时的秒长定义为以铯原子的两个超精细能级间在零磁场下跃迁 9 192 631 770 次所需要的时间。原子时的精度高达 1×10^{-16} s,是目前最准确的时间频率系统。

国际原子时(TAI):国际时间局(BIH)综合了世界各地原子钟数据,最后确定的原子时。

4. 协调时 UTC

原子时的时间单位在目前来说是最精确的,但原子时不能确定时刻,而世界时反应昼夜变化，便于应用。为了解决这个矛盾，把两者结合起来形成了协调世界时。

协调世界时（UTC）：把原子时的秒长和世界时的时刻结合起来的一种时间系统，两个时间系统之间的差值积累用闰秒来修正。闰秒是当协调时与世界时之差超过 0.9 s 时拨快或拨慢 1 s。

5. GNSS 时间系统

1）GPS 时间系统

GPS 时是由 GPS 星载原子钟和地面监控站原子钟组成的时间系统。为保证其内部时间尺度的连续性，它不采用闰秒制度。从 1980 年 1 月 6 日 0 时与 UTC 保持一致后，至今 GPS 时和国际原子时保持 19 s 的恒差。

2）GLONASS 时间系统

俄罗斯的 GLONASS 时间系统采用 UTC 作为时间参考。

3）伽利略时间系统

欧洲的伽利略时间系统，同 GPS 时间系统。

4）北斗时间系统

北斗是我国自主设计建设的卫星导航定位系统，北斗的时间系统由北斗二代地面运控系统主控站时频系统建立并保持时间。它采用国际原子时秒长为基本单位，以"周"和"周内秒"为单位连续计数。北斗时间不闰秒，时间历元为 2006 年 1 月 1 日。

5）互操作

互操作的作用是在用户端能组合利用来自不同 GNSS 系统的信息，从而获得比单独使用任一系统更好的性能。目前的主要方法是对各系统间时差进行监测、预报和发布，从而使用户能始终得到正确的时间信息。

习题和思考题

1. 简述 GNSS 卫星信号的特点。

2. 试述 GNSS 卫星信号由哪三部分构成，并说明各部分的作用。

3. 试述导航电文的内容。

4. 简述 GNSS 定位的原理。

5. 简述天球坐标系、地固坐标系、地心坐标系、参心坐标系、大地坐标系、空间直角坐标系的定义。

6. GNSS 测量的高程系统是什么？

7. 什么是协调世界时？

项目 3 GNSS 的定位方法及其误差分析

教学目标

- -

1. 理解 GNSS 定位的方法及分类;
2. 掌握 GNSS 测量误差的来源、分类、特征及其影响。
3. 重点掌握削弱 GNSS 测量误差的各种对策与措施。

任务 3.1 GNSS 定位方法分类

3.1.1 GNSS 定位方法概述

GNSS 的测量方法,按参考点的位置不同,可分为绝对定位和相对定位;按照用户接收机作业时所处的状态不同,又可分为静态定位和动态定位。

绝对定位,又称单点定位,是指利用一台 GNSS 接收机来测定该点相对于地球质心的绝对位置。相对定位则是指利用两台以上的 GNSS 接收机测定观测站到某一地面参考站(已知点)之间的相对位置,或两个观测站之间的相对位置的方法。

静态定位是指 GNSS 接收机在定位过程中,接收机安置在测站点上固定不动,相对于周围地面点而言处于静止状态;而动态定位正好相反,指在定位过程中,GNSS 接收机天线处于运动状态,定位的结果是连续变化的。

各种定位方法还可以不同地组合,如静态绝对定位、静态相对定位、动态绝对定位、动态相对定位等。目前,在测量领域,使用最为广泛的是静态相对定位和动态相对定位。而目前精度最高的定位方式是静态相对定位。

根据相对定位的数据结算是否具有实时性,又可将其分为后处理定位和实时动态相对定位(RTK),其中,后处理定位又可分为静态相对定位和动态相对定位。

伪距测量定位原理

3.1.2 GNSS 静态测量

在定位过程中,接收机的位置相对固定,处于静止状态,这种方式称为静态定位。根据参考点位置的不同,静态定位还可分为静态绝对定位和静态相对定位两种方式。

1. 静态绝对定位

绝对定位是指利用一台 GNSS 接收机来测定该点相对于地球质心的绝对位置，又称为单点定位，其原理是把卫星视为"动态"的控制点，在已知其瞬时坐标的条件下，以 GNSS 卫星和用户接收机天线之间的距离（或距离差）为观测量，进行空间距离后方交会，从而确定用户接收机天线相位中心所处的位置。其实质就是测量学中的空间距离后方交会原理，如图 3-1 所示。GNSS 卫星到用户接收机的观测距离，由于各种误差源的影响，并非真实地反映卫星到用户接收机的几何距离，而是含有误差，这种带有误差的 GNSS 观测距离称为伪距。卫星到接收机天线之间的距离误差包含了卫星时钟与接收机时钟不同步的误差。卫星钟差可以通过参数改正，接收机的钟使用的是误差较大但较便宜的石英振荡器，而不是原子钟，接收机钟差难以确定，因此接收机钟差也作为一个未知数，与测站坐标一起求解。

测码伪距观测方程如下：

$$\rho_i = \sqrt{(X - X_i)^2 + (Y - Y_i)^2 + (Z - Z_i)^2} + c\delta_t \tag{3-1}$$

式中，c——光速；

δ_t——接收机钟差；

(X, Y, Z)——待求的地面坐标；

(X_i, Y_i, Z_i)——第 i 颗卫星的坐标。

公式中卫星的坐标（X_i, Y_i, Z_i）可以通过卫星发射的导航电文来求解，ρ_i 为伪距观测值，通过接收机观测得到。测站坐标（X, Y, Z）和接收机钟差 δ_t 为四个未知数，因此，在静态绝对定位中，至少需要 4 颗卫星才能求解出测站坐标与接收机钟差。

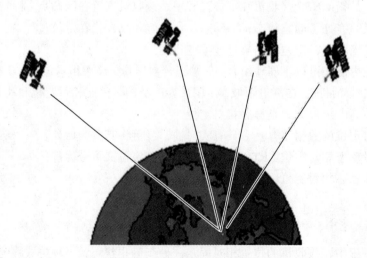

图 3-1　GNSS 绝对定位

2. 静态相对定位

静态相对定位是将接收机固定在不同的测站上，保持接收机固定不动，同步观测相同的卫星，以确定各测站在 WGS-84 坐标系中的相对位置或者基线向量的方法。图 3-2 即为 GNSS 相对定位的基本情况，在两个或者多个测站同步观测相同的卫星，引起观测误差的卫星轨道误差、卫星钟差、接收机钟差、电离层折射、对流层折射等都有一定的相关性，通过对这些观测量的不同组合进行相对定位，可以有效地消除或削弱上述误差的影响，从而提高相对定位的精度。静态相对定位一般采用载波相位观测量作为基本观测量，这是目前 GNSS 定位中精度最高的一种，广泛用于大地测量、精密工程测量、地球动力学研究等。

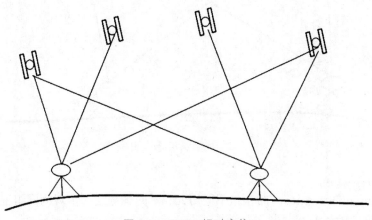

图 3-2　GNSS 相对定位

在 GNSS 相对定位中，常用的观测量的线性组合有单差、双差、三差等：

1）单　差

单差（Single-Difference，SD），一般是指在相同历元，不同坐标站间，同步观测同一颗卫星所得观测量之差，在图 3-3 中可见以卫星 K 为例，在 t_i 时刻测站 P1、P2 接收卫星 K 的观测量分别为 $\Phi_1^K(t_i)$、$\Phi_2^K(t_i)$，则单差的表达形式为

$$SD_{12}^K(t_i) = \Phi_1^K(t_i) - \Phi_2^K(t_i) \tag{3-2}$$

单差观测方程使用了相同的卫星观测量，因此消除了与卫星有关的误差，如卫星钟差，同时有效地削弱了卫星轨道误差和大气折射误差的影响，但缺点是使观测方程的个数明显减少。

2）双　差

双差（Double-Difference，DD），是指在相同历元，不同观测站同步观测同组卫星所得的观测量单差之差。在图 3-3 中，在 t_i 时刻测站 P1、P2 接收卫星 K 形成的单差 $SD_{12}^K(t_i)$ 与卫星 J 形成的单差 $SD_{12}^J(t_i)$ 之间的差值为

$$DD_{12}^{KJ}(t_i) = SD_{12}^{K}(t_i) - SD_{12}^{J}(t_i) = \mathit{\Phi}_{2}^{K}(t_i) - \mathit{\Phi}_{1}^{K}(t_i) - \mathit{\Phi}_{2}^{J}(t_i) + \mathit{\Phi}_{1}^{J}(t_i) \qquad （3-3）$$

双差观测方程使用了相同的接收机的单差观测量，因此在一次差的基础进一步消除了与接收机有关的载波相位及其钟差项，但双差观测方程的个数比单差观测方程更为减少。双差模型是 GNSS 基线向量处理时常用的模型。

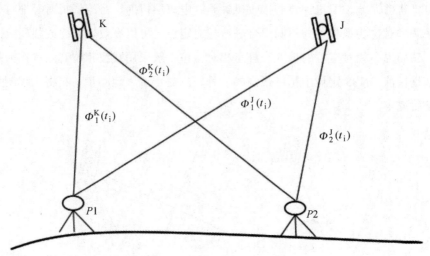

图 3-3　观测量的线性组合

3）三　差

三差（Triple-Difference，TD）指不同历元，不同观测站同步观测同组卫星所得的观测量双差之差，其表达式为

$$TD_{12}^{KJ}(t_i, t_{i+1}) = DD_{12}^{KJ}(t_i) - DD_{12}^{KJ}(t_{i+1}) \qquad （3-4）$$

三差观测方程在双差的基础上进一步消除了初始整周模糊度，使未知数的个数减少，但是观测方程的个数比双差观测方程更为减少，增大了计算过程中的凑数误差，这些将对未知数参数产生不良影响。所以，三差模型求得的基线结果精度不够高，在数据处理中，只作为初解，用于协助求解整周未知数和周跳等问题。

3.1.3　GNSS 动态测量

动态定位是指在定位过程中，GNSS 接收机天线处于运动状态的观测方法，分为动态绝对定位（单点动态定位）和动态相对定位（实时差分动态测量）。

1. 动态绝对定位

将 GNSS 接收机安装在载体上，并处于动态情况下，确定载体的瞬时绝对位置的定位方法，称为动态绝对定位。

动态绝对定位是确定处于运动载体上的接收机在运动的每一瞬间的位置，由于测站是运动的，天线点位坐标是一个变化的量，每一个瞬间坐标只有很少的观测量。因此，测量中要求每个历元至少能同步观测 4 颗卫星，一般采用测码伪距定位的方法进行动态绝对定位，精度较低，一般有几十米的精度，这种定位方法用于精度要求不高的飞机、船舶及车辆等运动载体的导航中。

2. 实时差分动态测量

实时差分动态测量是一台接收机在基准站上固定不动，另一台接收机安置在运动的载体上（流动站），两台接收机同步观测相同的卫星，此外流动站接受基准站的信号，进行差分计算，以确定运动点相对基准站的位置。

在同步观测相同卫星的情况下，卫星轨道误差、卫星钟差、电离层折射误差、对流层折射误差等对于不同观测站的 GNSS 观测量的影响有较强的相关性，特别是短距离动态相对定位（几十千米以内），其相关性更好，因此，我们可以利用各观测量的不同线性组合进行相对定位，从而削弱上述各项误差对定位结果的影响，提高定位的精度。

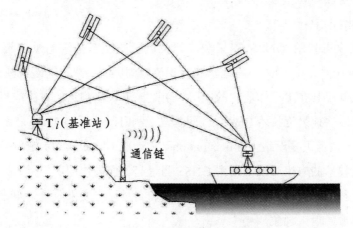

图 3-4 实时差分动态测量

根据差分 GNSS 基准站发送的信息方式可将差分 GNSS 定位分为三类，即：位置差分、伪距差分和载波相位差分。这三类差分方式的工作原理是相同的，即都是由基准站发送改正数，由用户站接收并对其测量结果进行改正，以获得精确的定位结果。所不同的是，发送改正数的具体内容不一样，其差分定位精度也不同。

1）位置差分

这是一种最简单的差分方法，安装在基准站上的 GNSS 接收机观测 4 颗卫星后便可进行三维定位，解算出基准站的坐标。由于存在着轨道误差、时钟误差、SA 影响、大气影响、多径效应以及其他误差，解算出的坐标与基准站的已知坐标是不一样的，存在误差。基准站利用数据链将此坐标改正数发送出去，由用户站接收，并且对其解算的用户站坐标进行改正。

最后得到的改正后的用户坐标已消去了基准站和用户站的共同误差，例如卫星轨道误差、SA 影响、大气影响等，提高了定位精度。以上先决条件是基准站和用户站观测同一组卫星的情况。位置差分法适用于用户与基准站间距离在 100 km 以内的情况。

2）伪距差分

伪距差分是目前用途最广的一种技术。在基准站上的接收机要求得它至可见卫星的距离，并将此计算出的距离与含有误差的测量值加以比较。首先，利用 α-β 滤波器将此差值滤波并求出其偏差；然后，将所有卫星的测距误差传输给用户，用户利用此测距误差来改正测量的伪距；最后，用户利用改正后的伪距来解出本身的位置，就可消去公共误差，提高定位精度。

与位置差分相似，伪距差分能将两站公共误差抵消，但随着用户到基准站距离的增加又出现了系统误差，这种误差用任何差分法都是不能消除的。用户和基准站之间的距离对精度有决定性影响。

3）载波相位差分

测地型接收机利用 GNSS 卫星载波相位进行的静态基线测量获得了很高的精度（$1 \times 10^{-6} \sim 1 \times 10^{-8}$），但为了可靠地求解出相位模糊度，要求静止观测 1~2 h 或更长时间。这样就限制了其在工程作业中的应用。于是探求快速测量的方法应运而生，例如，采用整周模糊度快速逼近技术（FARA）使基线观测时间缩短到 5 min，采用准动态（stop and go）定位、往返重复设站（re-occupation）和动态（kinematic）定位来提高 GNSS 作业效率。这些技术的应用对推动精密 GNSS 测量起了促进作用。但是，上述这些作业方式都是事后进行数据处理，不能实时提交成果和实时评定成果质量，很难避免出现事后检查不合格造成的返工现象。

GNSS 差分定位能实时给定载体的位置，精度为米级，满足了引航、水下测量等工程的要求。位置差分、伪距差分、伪距差分相位平滑等技术已成功地用于各种作业中。随之而来的是更加精密的测量技术——载波相位差分技术。

载波相位差分技术又称为 RTK 技术（Real Time Kinematic），是建立在实时处理两个测站的载波相位基础上的。它能实时提供观测点的三维坐标，并达到厘米级的高精度。

与伪距差分原理相同，由基准站通过数据链实时将其载波观测量及站坐标信息一同传送给用户站。用户站接收 GNSS 卫星的载波相位与来自基准站的载波相位，并组成相位差分观测值进行实时处理，能实时给出厘米级的定位结果。

实现载波相位差分 GNSS 的方法分为两类：修正法和差分法。前者与伪距差分相同，基准站将载波相位修正量发送给用户站，以改正其载波相位，然后求解坐标；后者将基准站采集的载波相位发送给用户台进行求差解算坐标。因此，修正法为准 RTK 技术，差分法为真正的 RTK 技术。

任务 3.2 GNSS 定位误差概述

GNSS 误差来源

在 GNSS 定位中，影响观测精度的主要误差来源分为以下三类：

（1）与卫星有关的误差：包括卫星轨道误差、卫星钟差等。

（2）与传播途径有关的误差：包括电离层延迟、对流层延迟、多路径效应等。

（3）与接收设备有关的误差：包括观测误差、接收机钟差、天线相位中心位置偏差等。

通常把各种误差的影响投影到观测站与卫星的距离上，以相应的距离误差表示，称为等效距离偏差，见表 3-1。

表 3-1　GNSS 定位误差分类

误差来源	误差分类	对距离测量的影响/m
GNSS 卫星	卫星轨道误差 卫星钟误差 相对论效应	1.5～15
信号传播	电离层折射误差 对流层折射误差 多路径效应	1.5～15
接收设备	接收机钟差 观测误差 天线相位中心偏移	1.5～5
其他影响	地球潮汐 负荷潮	1.0

根据误差的性质分类，上述误差可分为系统误差和偶然误差。

1. 系统误差

系统性的误差，主要包括卫星轨道误差影响、卫星钟差、接收机钟差及大气折射的误差等。GNSS 测量的主要来源是系统误差，系统误差无论从误差的大小还是对定位结果的危害性都比偶然误差要大很多。

系统误差与偶然误差相比具有某种系统性特征，有一定的规律可循，系统误差的量级大，最大可达到数百米，可以根据产生的原因不同，采取一定的措施减弱或者修正。如建立误差改正模型，对观测量进行模型改正、选择良好的观测条件、采用恰当的观测方法等。

2. 偶然误差

偶然误差主要包括信号的多路径效应引起的误差和观测误差，此外卫星信号发生部分的随机噪声、接收机信号接收处理部分的随机噪声等也会产生偶然误差。偶然误差量级小，具有很大的随机性，应视情况处理。

GNSS
误差来源

与 GNSS 卫星有关的误差，主要包括卫星钟误差和卫星轨道偏差。

3.3.1 卫星钟误差

1. 卫星钟误差的来源及特征

GPS 卫星上使用的是原子钟，是由主控站按照美国海军天文台（USNO）的协调世界时（UTC）进行调整的。GPS 时与 UTC 在 1980 年 1 月 6 日 0 时对准，不随闰秒增加，时间是连续的，随着时间的积累，两者之间的差别将表现为 1 s 的整倍数，如有需要，可由主控站对卫星钟的状态进行调整，不过这种遥控调整仍然满足不了定位所需的精度。其次，尽管卫星上用的是高精度的原子钟，但是，这些钟与 GPS 标准时之间会有难以避免的频率偏差和漂移，并且包含钟的随机误差，并随着时间的推移，这些偏差和漂移还会有变化，而卫星定位所需要的观测量都是以精密测时为依据。卫星钟的误差会对伪码测距和载波相位测量产生误差。这些偏差总量在 1 ms 以内，但由此产生的等效距离偏差可达 300 km。在 GNSS 测量中，当要求 GNSS 卫星的位置误差小于 1 cm，则相应的时刻误差应小于 2.6×10^{-6} s。准确地测定观测站至卫星的距离，必须精密地测定信号的传播时间。若要距离误差小于 1 cm，则信号传播时间的测定误差应小于 3×10^{-11} s。

2. 削弱卫星钟误差的对策

1）采用钟差改正法

为保证测量精度，由主控站测出每颗卫星的钟参数，编入卫星电文发布给用户。卫星钟在时刻 t 的偏差可表示为二阶多项式形式，即

$$\Delta t^j = a_0 + a_1(t - t_{oc}) + a_2(t - t_{oc})^2 \tag{3-5}$$

式中，t_{oc}——卫星钟修正的参考历元；

a_0、a_1、a_2——卫星钟的钟偏差、频率漂移、老化率。

上式称为钟差改正多项式，通过在卫星导航电文中获取的这些参数，卫星钟误差可以用二阶多项式的形式加以表示。应用钟差改正法能够保证卫星钟与标准的 GNSS 时间同步在 20 ns 之间，由此引起的等效距离偏差不会超过 6 m。

2）采用差分技术

想要进一步削弱用钟差改正多项式改正后的剩余的卫星钟残差，可以通过观测量的差分技术进行处理。采用单差，即在测站接收机之间求一次差分的方法可以进一步消除卫星钟误差。若动态相对定位可采用载波相位差分法将基准站的载波相位发送给流动

站，通过对观测值在接收机间求差解算基线向量，进行求差解算坐标，可以消除卫星钟差影响。因而，在基准站和流动站两测站同步观测的相对定位求出的坐标差中大大消除了卫星时钟的影响。

3.3.2 卫星轨道偏差

卫星轨道偏差也称为卫星星历误差，是指卫星星历给出的卫星空间位置与卫星实际位置间的偏差，因为卫星空间位置是由地面监控系统根据卫星测轨结果计算求得的，所以又称为卫星轨道误差。它是一种起始数据误差，其大小取决于卫星跟踪站的数量及空间分布、观测值的数量及精度、轨道计算时所用的轨道模型及定轨软件的完善程度等，卫星星历误差是当前利用 GNSS 定位的重要误差源之一。

1. 星历误差对定位的影响

当把卫星位置当作已知值使用时，星历误差便成为一种起始数据的误差。对于单点定位时，星历误差在测站至卫星方向的影响（径向分量）作为等价测距误差进入平差计算，配赋到星站坐标和接收机钟差改正数中去，具体配赋法则与卫星的几何图形有关。利用广播星历，卫星星历误差对测站的影响一般可达数米、数十米。

利用两站的同步观测资料进行相对定位时，由于星历误差对两站的影响具有很大的相关性，在求坐标差时，共同的影响可自行消去，从而获得高精度的相对坐标。根据一次观测的结果，可以导出星历误差对相对定位影响的估算式为

$$\frac{d_b}{b} = \frac{d_\rho}{\rho} \tag{3-6}$$

式中，b——基线长；

$\quad d_b$——卫星星历误差所引起的基线误差；

$\quad \rho$——卫星至测站的距离；

$\quad d_\rho$——卫星星历的相对误差。

若基线测量的允许误差为 1 cm，取卫星距离地面的最大距离为 25 000 km，当基线长度不同时，允许的轨道误差大致如表 3-2 所示。可见，随着基线长度的增加，卫星轨道误差将成为影响定位的主要因素。因此，对于长距离、高精度的 GNSS 测量，需要采用精密星历。

表 3-2　基线长度与允许轨道误差

基线长度/km	基线相对误差	允许轨道误差/m
1	10×10^{-6}	250
10	1×10^{-6}	25
100	0.1×10^{-6}	2.5
1 000	0.01×10^{-6}	0.25

2. 削弱星历误差的对策

1）建立卫星跟踪网独立测轨

GNSS 卫星是高轨卫星，区域性的跟踪网也能获得很高的定位精度。所以许多国家和组织都在建立自己的 GNSS 卫星跟踪网，开展独立的定位工作。如果跟踪站的数量和分布选择得当，实测星历还可能达到 1×10^{-7} 量级的精度，这对提高精密定位的精度将起到显著的作用。根据实测星历外推，还可以为实时定位用户提供较为准备的预报星历。

2）采用轨道松弛法

所谓轨道松弛法，就是在平差模型中把卫星星历给出的卫星轨道视为未知数纳入平差模型。通过平差同时求得测站位置以及轨道偏差改正数。这种方法不适用于范围较小的测区，此外，数据处理相对复杂，工作量大为增加，不宜在作用单位普遍推广，只适用于无法获取精密星历而采取的补救措施。

3）相对定位

所谓相对定位也就是同步观测值求差，这一方法是利用在两个或多个观测站上，对同一卫星的同步观测值求差。因为星历误差对相距不太远的两个测站的影响基本相同，所以对于确定两个测站之间的相对位置，可以减弱卫星星历影响。

与卫星信号传播有关的误差包括信号穿越大气电离层和对流层时产生的延迟以及信号反射产生的多路径效应误差。

3.4.1　电离层延迟

1. 电离层及其影响

电离层是指地球上空的大气圈的上层，距离地面高度在 50～1 000 km 的大气层。电离层中的空气分子由于受到太阳等各种天体的各种射线辐射的影响，产生强烈的电离，形成大量的自由电子和正离子。因此大气以带电粒子的形式存在，当 GNSS 信号通过电离层时，因受到带电介质的非线性散射特性的影响，信号的传播路径会发生弯曲，传播速度也会发生变化。这种变化称为电离层延迟。此时，用信号的传播时间乘以真空中的光速而得到的距离不等于卫星到接收机之间的几何距离。

电离层含有较高密度的电子，属于弥散性介质，电磁波所受电离层折射的影响与电磁波的频率以及电磁波传播途径长电子总含量有关。理论证明，电离层的群折射率为

$$n_c = 1 + 40.28 N_e f^{-2} \tag{3-7}$$

而群速为

$$v_G = \frac{c}{n_G} = c(1 - 40.28 N_e f^{-2}) \tag{3-8}$$

式中，N_e——电子密度（每 m^3 的电子数）；

f——信号的频率（Hz）。

进行伪距测量时，调制码就是以群速 v_G 在电离层传播的。若伪距测量中测得信号的传播时间为 Δt，则卫星至接收机的真正距离 s 为

$$
\begin{aligned}
s &= \int_{\Delta t} v_G \mathrm{d}t = \int_{\Delta t} c(1 - 40.28 N_e f^{-2}) \mathrm{d}t \\
&= c\Delta t - c\frac{40.28}{f^2} \int_{s'} N_e \mathrm{d}s \\
&= \rho - c\frac{40.28}{f^2} \int_{s'} N_e \mathrm{d}s
\end{aligned}
\tag{3-9}
$$

式中，$\int_{s'} N_e \mathrm{d}s$——沿信号传播路径；

s'——对电子密度 N_e 进行积分，即电子总量。

上式表明，正确的距离 s 包括两部分，一部分是真空中光速乘以信号传播时间，另一部分则是电离层改正项

$$\Delta_{i,iono}^{j} = -c\frac{40.28}{f^2}\int_{s'}N_e\mathrm{d}s \tag{3-10}$$

应该明确的是，电离层中的相折射率与群折射率是不同的。码相位测量和载波相位测量应分别采用群折射和相折射。所以，载波相位测量时电离层折射改正数和伪距测量时的改正数是不同的，两者大小相等，符号相反。

从式（3-10）可以看出，求电离层折射改正数的关键在于求电子密度 N_e。可是电子密度随着距离地面的高度、时间变化、太阳活动程度、季节不同、测站位置等多种因素而变化。据有关资料分析，白天电离层电子密度约为晚上的 5 倍；一年中，冬季电离层电子密度约为夏季的 4 倍；太阳黑子活动最激烈时的电离层电子密度可为最小时的 10 倍。目前还无法用一个严格的数学模型来描述电子密度的大小和变化规律。因此，不可直接用（3-9）式来求解电离层改正数的值。

2. 削弱电离层影响的对策

对于电离层折射的影响，可通过以下解决途径削弱：

1）相对定位

利用两台接收机在基线的两端进行同步观测并取其观测量之差，可以减弱电离层折射的影响。当测站间的距离相差不太远时，由于卫星至两观测站电磁波传播路径上的大气状况很相似，因此，可以通过同步观测量求差的方式削弱电离层延迟的影响。这种方法对于短基线（20 km 以内）的效果很明显，这时经电离层折射改正后基线长度的残差一般不超过 1×10^{-6}。所以，在 GNSS 测量中，对于短距离的相对定位，使用单频接收机也能达到相当高的精度。

2）双频观测

从式（3-9）可以看出，$\Delta_{i,iono}^{j}$ 和信号频率 f 的平方成正比。如果用双频接收机分别接收 GNSS 卫星发射的 L1 和 L2 两个载波频率（$f_1 = 1\,575.42\,\mathrm{MHz}$ 和 $f_2 = 1\,227.60\,\mathrm{MHz}$），则两个不同频率的信号就会经过同一路径到达接收机。虽然无法准确知道电磁波经过电离层时由于折射率的变化将引起传播路径的延迟，但对这两个频率的信号却是相同的。若令 $A = -c\cdot 40.28\int_{s'}N_e\mathrm{d}s$，则载波相位测量的电离层折射改正数可写成 $\Delta_{i,iono}^{j} = \dfrac{A}{f^2}$ 的形式，则根据公式（3-9），卫星到接收机之间的真正距离式为

$$s = \rho_1 + \frac{A}{f_1^2}$$
$$s = \rho_2 + \frac{A}{f_2^2} \tag{3-11}$$

将两式相减，有

$$\Delta\rho = \rho_1 - \rho_2 = \frac{A}{f_1^2} - \frac{A}{f_2^2} = \Delta_{i,ion1}^j\left(\frac{f_1^2}{f_1^2} - 1\right) = 0.646\,9\Delta_{i,iono}^j \qquad （3\text{-}12）$$

可得

$$\left.\begin{aligned} \Delta_{1,iono}^j &= 1.545\,73(\rho_1 - \rho_2) \\ \Delta_{2,iono}^j &= 2.545\,73(\rho_1 - \rho_2) \end{aligned}\right\} \qquad （3\text{-}13）$$

在用调制在两个载波上的 P 码测距时，只有电离层折射影响不同，其余误差影响相同，上式中的 $(\rho_1 - \rho_2)$ 也等于 P_1 和 P_2 码所测伪距之差 $(\tilde{\rho}_1 - \tilde{\rho}_2)$，因此，当用户采用双频接收机进行观测时，就可以根据电离层折射和信号频率有关的特性，从两个伪距观测值中求得电离层折射改正数。正因为如此，双频 GNSS 接收机在精密定位中得到了广泛应用。

双频载波相位测量观测值的电离层折射改正与上述分析类同，只是和测码伪距测量时的改正数有两点区别：一是电离层折射的符号相反；二是要引入整周未知数 N_0。

3）利用电离层模型加以改正

采用双频接收技术，可以有效地减弱电离层折射的影响，但在电子含量很大，卫星高度角较小时其误差可能达到几厘米。为了满足更高精度的 GNSS 测量要求，Fritzk、Brunner 提出的电离层延迟改正模型在任何情况下的精度均优于 2 mm。

对于单频接收机，一般采用导航电文提供的电离层延迟模型加以改正，以减弱电离层的影响。由于影响电离层折射的因素很多，无法建立严格的数学模型，用目前所提供的模型可将电离层延迟影响减少 75%。

4）选择有利观测时段

由于电离层的影响与信号传播路径上的电子总数有关，应选择最佳的观测时段（一般为晚上，大气不受太阳光的照射，大气中的离子数目减少），从而可达到削弱电离层影响的目的。

3.4.2 对流层延迟

1. 对流层及其影响

对流层是高度为 40 km 以下的大气底层，大约占大气总质量的 75%。由于大气密度比电离层更大，大气状态变化也更复杂。对流层与地面接触并从地面得到辐射热能，其温度随高度的上升而降低。对流层中虽有少量带电离子，但对电磁波传播影响不大，不属于弥散介质，GNSS 信号通过对流层时，也使传播的路径发生折射弯曲，从而使测量距离产生偏差，这种现象叫作对流层折射。对流层大气折射率与大气压力、温度和湿度有关，一般将对流层中大气折射率分为干分量和湿分量两部分。大气折射率干分量 N_d 与大气的温度和气压有关，湿分量 N_w 与信号传播路径上的大气湿度和温度有关。它们存在如下关系：

$$N = N_d + N_w = 77.6\frac{p}{T} + 77.6 \times 4\,810\frac{e}{T^2} \tag{3-14}$$

式中， p 为大气压力，hPa；

      T——大气的热力学温度，K；

      e——水汽分压，hPa。

这说明，为了计算 N ，必须建立一个根据测站上气象元素（ T_s ， P_s ， e_s ）。计算空中各点气象元素的数学模型。下面直接给出计算对流层改正的霍普菲尔德经验模型：

$$\Delta s = \Delta s_d + \Delta s_w = \frac{K_d}{\sin(E^2 + 6.25)^{\frac{1}{2}}} + \frac{K_w}{\sin(E^2 + 2.25)^{\frac{1}{2}}} \tag{3-15}$$

$$\left. \begin{array}{l} K_d = 155.2 \times 10^{-7} \dfrac{P_s}{T_s}(h_d - h_s) \\[2mm] K_w = 155.2 \times 10^{-7} \dfrac{4\,810}{T_s^2} e_s(h_w - h_s) \end{array} \right\} \tag{3-16}$$

式中， E ——卫星的高度角，°；

      K_d 、 K_w ——卫星位于天顶方向时（ $E = 90°$ ）的对流层干气改正和湿气改正。

      h_s ——测站的高程；

      h_d ——当 N_d 趋近于 0 时的高程值，约为 40 km；

      h_w ——当 N_w 趋近于 0 时的高程值，约为 10 km；

      e_s ——水气压。

它们可按下式计算：

$$\left. \begin{array}{l} h_d = 40\,136 + 148.72(T_s - 273.16) \\[2mm] h_w = 11\,000 \end{array} \right\} \tag{3-17}$$

以上各式中的温度均采用热力学温度，气压和水汽压以百帕（hPa）为单位； Δs 、 h_s 、 h_d 、 h_w 单位为米（m）。

当卫星处于天顶方向时，对流层干分量对距离观测值的影响约占对流层影响的 90%，其影响量可利用地面的大气资料计算，对距离的影响可达 20 m。湿分量的影响量值较小，但无法靠地面观测站来确定传播路径上的大气参数，因而湿分量也无法精确测定。从而成为高精度基线测量的主要误差之一。

2. 减弱对流层影响的措施

1）利用上述对流层模型改正

实测地区气象资料利用模型进行改正，能减少对流层对电磁波延迟达 92% ~ 93%。

2）同步观测值求差

当两个测站相距不太远时（<20 km），基线较短，气象条件较稳定，两个测站的气象条件一致，由于信号通过对流层的路径相似，利用基线两端同一卫星同步观测量求差，可以明显地减弱对流层折射的影响。目前，短基线、精度要求不是很高的基线测量，只用相对定位即可达到要求。因此，这一方法在精密相对定位中被广泛应用。但是，随着同步观测站之间距离的增大，求差法的有效性也将随之降低。当距离>100 km 时，对流层折射的影响是制约 GNSS 定位精度提高的重要因素。

3.4.3　多路径效应

在 GNSS 测量中，被测站附近的物体所反射的卫星信号（反射波）被接收机天线所接收，与直接来自卫星的信号（直接波）产生干涉，从而使观测值偏离真值产生所谓的"多路径误差"。这种由于多路径的信号传播引起的干涉时延效应叫作多路径效应，见图3-5。

多路径效应的影响随着天线周围反射面的性质而已，无法控制。物面反射信号的能力可用反射系数 α 来表示，$\alpha=0$ 表示信号完全被吸收不反射；$\alpha=1$ 表示信号完全反射不吸收。表 3-3 给出了不同反射物面对频率为 2 GHz 的微波信号的反射系数。

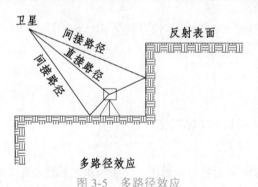

图 3-5　多路径效应

表 3-3　不同反射物面对频率为 2 GHz 的微波信号的反射系数 α

水面		稻田		野地		森林山地	
α	损耗/dB	α	损耗/dB	α	损耗/dB	α	损耗/dB
1.0	0	0.8	2	0.6	4	0.3	10

多路径效应的影响与反射系数有关，也和反射物与天线的距离以及卫星信号方向有关，无法建立准确的误差改正模型。目前减弱多路径误差的方法有：

（1）选择合适的站址，测站应远离大面积平静的水面，较好的站址可选在地面有草丛、农作物等植被能被较好吸收微波信号的能量的地方，不宜选择在山坡、山谷和盆地中，应尽量远离高层建筑物。

（2）在天线中设置抑径板，接收机天线对于极化特性不同的反射信号应有较强的抑制作用。

（3）在数据出来时采用加权法、滤波法、信号分析法等削弱多路径误差的影响。

在 GNSS 定位误差中，与接受设备有关的误差主要有接收机钟差、天线相位中心位置误差、接收机的位置误差和几何图形强度误差等。

3.5.1 接收机钟误差

在 GNSS 测量时，为了保证随时导航定位的需要，卫星钟必须具有极好的长期稳定度。而接收机钟只需在一次定位的期间内保持稳定，所以一般使用短期稳定度较好、便宜轻便的石英钟，其稳定度约为 1×10^{-11}。如果接收机钟与卫星钟间的同步差为 1 μs，引起的等效距离误差约为 300 m，这是不能接受的。

减弱接收机钟差的方法有：

（1）在单点定位时，将接收机钟差作为独立的未知数在数据处理中求解，或者将接收机钟差表示为多项式的形式，平差求解多项式系数。

（2）在相对定位中，利用卫星间求差的方法，可以有效地消除接收机钟差。

（3）在高精度定位时，可采用外接频标的方法，为接收机提供高精度的时间标准，如外接铯钟、铷钟等。这种方法常用于固定站。

3.5.2 观测误差

观测误差与仪器硬件和软件对卫星能达到的分辨率有关。还与天线的安置精度有关，即存在天线对中误差，天线整平误差及量取天线高的误差。因此精密定位中注意整平天线，仔细对中。

1. 卫星信号分辨误差

一般认为，卫星信号观测能达到的分辨误差为信号波长的 1%，各种不同观测误差如表 3-4 所示。

表 3-4　观测误差

信号	波长	观测误差
P 码	29.3 m	0.3 m
C/A 码	293 m	2.9 m
载波 L1	19.05 m	2.0 mm
载波 L2	2.5 m	2.5 mm

2. 天线安置误差

观测误差与天线的安置精度有关，即天线对中误差、天线整平误差及量取天线高的误差。例如天线高 2.0 m，天线整平时，即圆水准气泡略偏一格，对中影响为 5 mm，因此，在精密定位中，应注意整平天线，仔细对中。在一些精度要求高的 GNSS 测量中（如变形监测）可以使用强制对中装置。

3.5.3　天线相位中心偏差

在 GNSS 测量中，观测值都是以接收机天线的相位中心位置为准的。所以天线的相位中心与其几何中心理论上应保持一致。而实际上，接收机天线接收到的 GNSS 信号是来自四面八方，随着 GNSS 信号方位和高度角的变化，接收机天线的相位中心的位置也在发生变化。这种偏差视天线性能的好坏可达数毫米至数厘米，对精密相对定位也是不容忽视的。所以，如何减少相位中心的偏移是天线相位设计中的一个重要问题。在天线设计时，应尽量减少这一误差（一般控制在 5 mm 之内），并且要求在天线盘上指定指北方向。这样，在相对定位时，可以通过求差削弱相位中心偏差的影响。

在实际工作中，如果使用同一类型的天线，在相距不远的两个或者多个观测站上同步观测了同一组卫星，便可以通过观测值求差来削弱相位中心偏移的影响。不过，这时各测站的天线均应按天线附有的方位标志进行定向，根据仪器说明书，罗盘指向磁北极，其定向偏差应在 3°以内。

任务 3.6 其他误差

3.6.1 地球自转的影响

1. 地球自转影响的产生

GNSS 定位采用的坐标是协议地球坐标系,若某一时刻该卫星从其瞬间空间位置向地面发射信号,当地面接收机接收到卫星信号时,与地球固连的协议坐标系相对于卫星发射瞬间的位置已产生了旋转(绕 Z 轴旋转)。这样,接收到的信号会有时间延迟,这个延迟与地球自转速度有关,故称为地球自转的影响。

2. 地球自转的影响特征

若地球自转速度为 ω,在时间延迟 δ_t 内旋转角度为 $\Delta\alpha$,则

$$\Delta\alpha = \omega\delta_t \qquad (3\text{-}18)$$

由此引起的卫星坐标变化为

$$\begin{bmatrix} \Delta x_s \\ \Delta y_s \\ \Delta z_s \end{bmatrix} = \begin{bmatrix} 0 & \sin\Delta\alpha & 0 \\ -\sin\Delta\alpha & 0 & 0 \\ 0 & 0 & 0 \end{bmatrix} \begin{bmatrix} x_s \\ y_s \\ z_s \end{bmatrix} \qquad (3\text{-}19)$$

式中,x_s、y_s、z_s——卫星瞬时坐标。

因为卫星信号传播速度很快,所以 $\Delta\alpha < 1.5''$,只取一阶项,即为

$$\begin{bmatrix} \Delta x_s \\ \Delta y_s \\ \Delta z_s \end{bmatrix} = \begin{bmatrix} 0 & \Delta\alpha & 0 \\ -\Delta\alpha & 0 & 0 \\ 0 & 0 & 0 \end{bmatrix} \begin{bmatrix} x_s \\ y_s \\ z_s \end{bmatrix} \qquad (3\text{-}20)$$

不过这项改正只有在高精度定位中才考虑。

3.6.2 相对论效应

相对论效应是由于卫星钟和接收机钟所处的状态(运动速度和引力位)差异而引起卫星钟和接收机钟之间产生相对钟误差的现象。卫星在高空轨道运行时,由于狭义相对论和广义相对论效应的影响,卫星钟频率与地面静止钟相比,发生频率偏移,这种安全率偏移带来的误差在精密定位中不可忽略。

根据狭义相对论,一个频率为 f 的振荡器安装在飞行的载体上,由于载体的运动,

对于地面的观测者产生频率偏移，所以，地面上频率为 f_0 的时钟安设在以速度为 v_s 的运动卫星上，频率将发生变化，见下式：

$$\Delta f_1 = -\frac{v_s^2}{2c^2} \cdot f_0 \qquad (3\text{-}21)$$

式中，c——光速。

从式（3-21）可见，在狭义相对论影响下，时钟安装在卫星上会变慢。卫星运行速度已知，可由式（3-22）计算得到。

$$v_s^2 = ga_m \frac{a_m}{R_s} \qquad (3\text{-}22)$$

则式（3-21）可表示为

$$\Delta f_1 = -\frac{ga_m}{2c^2}\left(\frac{a_m}{R_s}\right)f_0 \qquad (3\text{-}23)$$

式中，g——地面重力加速度；

  a_m——地球平均半径；

  R_s——卫星轨道平均半径。

另外，根据广义相对论，处于不同等位面的振荡器，其频率 f_0 将由于引力位不同而产生变化，这种现象成为引力频移，见下式：

$$\Delta f_2 = \frac{\Delta W}{c^2} f_0 \qquad (3\text{-}24)$$

式中，ΔW——不同等位面的位差，$\Delta W = ga_m\left(1 - \frac{a_m}{R_s}\right)$。

此时，卫星钟引力频移可由式（3-25）求得。

$$\Delta f_2 = \frac{ga_m}{c^2}\left(1 - \frac{a_m}{R_s}\right)f_0 \qquad (3\text{-}25)$$

在广义相对论和狭义相对论的综合影响下，卫星钟频变化为

$$\Delta f = \Delta f_1 + \Delta f_2 = \frac{ga_m}{c^2}\left(1 - \frac{3a_m}{2R_s}\right)f_0 \qquad (3\text{-}26)$$

卫星钟标准频率为 $f_0 = 10.23\ \text{MHz}$，所以 $\Delta f = 0.004\ 55\ \text{Hz}$，这说明卫星钟比地面钟快，每秒差 0.45 ns。所以，通常预先把卫星钟的标准频率降低 $4.5 \times 10^{-3}\ \text{Hz}$，这样，当这些卫星钟进入轨道受到相对论效应的影响后，频率正好变为标准频率 10.23 MHz。

但是，由于地球运动、卫星轨道高度变化及地球重力场变化，Δf 不是常数，其残差对卫星钟差的影响为

$$\delta_t = -4.443 \times 10^{-10} e_s \sqrt{a_s} \sin E_s \qquad (3\text{-}26)$$

式中，e_s——轨道偏心率；

$\qquad$ a_s——轨道长半轴；

$\qquad$ E_s——轨道偏近点角。

对卫星钟速度影响为

$$\delta_t = -4.443 \times 10^{-10} e_s \sqrt{a_s} \frac{n \cos E_s}{1 - e_s \cos E_s} \qquad (3\text{-}27)$$

相对论残差影响 GNSS 时间最大可达 70 ns，对卫星钟速影响可达 0.01 ns/s，这一项在高精度定位中是应考虑的。

应当指出，除上述各误差外，在 GNSS 定位中卫星钟和接收机钟振荡器的随机误差、大气折射模型、卫星轨道摄动模型误差、地球潮汐等，都会对 GNSS 的观测量产生影响。研究各类误差来源、影响规律和改正方法，对长距离相对定位具有重要的意义。

习题和思考题

1. GNSS 单点定位的基本原理是什么？

2. GNSS 测量中产生的误差来源于哪几个方面？

3. 试述 GNSS 测量定位中误差的种类，并说明产生的原因。

4. 卫星轨道误差是如何产生的？如何削弱或者消除其对 GNSS 测量定位所产生的影响。

5. 电离层误差是怎么产生的？减弱电离层影响的有效措施有几种？

6. 对流层误差是怎么产生的？减弱对流层影响的有效措施有几种？

7. 多路径效应是什么？如何防止？

8. 削弱接收机钟差的影响的有效办法有哪些？

项目 4　GNSS 静态测量技术

1. 理解 GNSS 静态测量工作的技术设计、图形设计;
2. 熟悉 GNSS 的测前准备工作及设计书的编写;
3. 详细讨论 GNSS 外业施测,包括选点、埋石、野外观测的方法和注意事项;
4. 熟悉数据预处理及外业成果检核的内容;
5. 掌握 GNSS 测量技术总结内容和上缴的技术成果资料。

GNSS 控制网
技术设计

任务 4.1　GNSS 测量的设计

在布设 GNSS 控制网时,技术设计是非常重要的环节,它依据 GNSS 测量的用途、用户的需求,按照国家及行业主管部门颁布的有关规范(规程),对网形、精度、基准、作业纲要等作了具体规定,提供了布设和实施 GNSS 控制网的技术准则。

4.1.1　GNSS 控制网技术设计的依据

技术设计必须根据相关的标准、技术规程的要求来进行,常用的依据有国家和行业 GNSS 测量相关规范(规程)、测量任务书或者合同书等。

1. GNSS 测量规范(规程)

GNSS 测量规范(规程)是国家质量监督检验检疫部门或者国家测绘管理部门和相关行业部门所制定的技术标准和法规,目前 GNSS 控制网设计依据的规范(规程)有:

(1)《全球定位系统(GPS)测量规范》(GB/T 18314—2009),以下简称《国标规范》;

(2)《全球导航卫星系统连续运行基准站网技术规范》(GB/T 28588—2012);

(3)《卫星定位城市测量规范》(CJJ/T 73—2019);

(4)各部委根据本部门 GNSS 工作的实际情况指定的其他 GNSS 测量规程或细则。

2. 测量任务书或合同书

测量任务书是测量单位的委托方或业主方下达的具有强制约束力的文件。任务书常用于下达指令性任务。测量合同书是由委托方或业主方与测量实施单位共同签署的合同，该合同由双方协商同意并签订后具有法律效力。测量任务书或合同书规定了任务的目的、用途、范围、精度、密度等，任务完成的规定时间和需上交的成果及资料等，技术设计时必须要依据测量任务书或合同书所规定的内容。

4.1.2 GNSS 控制网的精度、密度设计

1. GNSS 网的精度设计

应用 GNSS 定位技术建立的测量控制网称为 GNSS 控制网，其控制点称为 GNSS 点。GNSS 控制网可分为两大类：一类是国家或区域性的高精度 GNSS 控制网；另一类是局部性的 GNSS 控制网，包括城市或工矿区及各类工程控制网。根据 GNSS 网的应用目的不同，其精度要求也有不同。

对于 GNSS 网的精度要求，主要取决于网的用途和定位技术所能达到的精度。精度指标通常是以 GNSS 网相邻点间弦长标准差来表示，即

$$\sigma = \sqrt{a^2 + (bd)^2} \tag{4-1}$$

式中，σ——标准差（基线向量的弦长中误差），mm；

a——GNSS 接收机标称精度中的固定误差，mm；

b——GNSS 接收机标称精度中的比例误差系数（1×10^{-6}）；

d——相邻点间的距离，km。

《国标规范》将 GNSS 控制网按其精度划分为 A、B、C、D、E 五个精度级别。其中，A 级 GNSS 控制网主要用于建立国家一等大地控制网、进行全球动力学研究、地壳形变测量和精密定轨等；B 级主要用于建立国家二等大地控制网、建立地方或者城市坐标基准框架、区域性地球动力学研究、地壳形变测量、局部形变测量和各种精密工程测量等；C 级主要用于建立三等大地控制网，建立区域、城市及工程测量的基本控制网；D 级主要用于建立四等大地控制网，D、E 级 GNSS 控制网主要用于中小城市、城镇及测图、地籍、土地信息、房产、物探、勘测、建筑施工等的控制测量。

A 级 GNSS 网由卫星定位连续运行站构成，其精度不低于表 4-1 中的要求。B、C、D、E 级 GNSS 网的精度要求不低于表 4-2 中的要求。

表 4-1　A 级 GNSS 网精度要求

级别	坐标年变化率中误差		相对精度	地心坐标各分量年平均中误差/mm
	水平分量/（mm/a）	垂直分量/（mm/a）		
A	2	3	1×10^{-8}	0.5

表 4-2　B、C、D、E 级 GNSS 网精度要求

级别	相邻点基线分量中误差		相邻点间平均距离/km
	水平分量/mm	垂直分量/mm	
B	5	10	50
C	10	20	20
D	20	40	5
E	20	40	3

实际工作中，精度标准的确定要根据用户的实际需求以及人力、财力、物力的情况合理设计。用于建立国家二等大地控制网和三、四等大地网的 GNSS 控制测量，在满足表 4.2 中的要求的 B、C、D 级网精度的基础上，其对应的相对精度还应不低于 1×10^{-7}、1×10^{-6}、1×10^{-5}。在具体布设中，可以分级布网，也可以越级布网，或者布设同级全面网。

2. GNSS 定位的密度设计

《国标规范》对 GNSS 网的相邻点间距离做出了相应的规定，要求各 GNSS 点应平均分布。相邻点间最小距离可为平均距离的 1/3 ~ 1/2 倍，最大距离可为平均距离的 2 ~ 3 倍。在特殊情况下，个别点的间距可也可结合任务和服务对象，对 GNSS 点分布要求做出具体的规定。

现行的《国标规范》对 GNSS 网中两相邻点间的距离和最简独立闭合环或附合线路的边数，根据不同的需要做出了表 4-3 中的规定。

表 4-3　GNSS 网点的平均距离及边数

级别	A	B	C	D	E
相邻点最小距离	100	15	5	2	1
相邻点最大距离	2 000	250	40	15	10
相邻点平均距离	300	70	15 ~ 10	10 ~ 5	5 ~ 2

4.1.3　GNSS 控制网的基准设计

对于一个 GNSS 网测量工程，在技术设计阶段必须明确 GNSS 成果所采用的坐标系统和起算数据，即明确 GNSS 网所采用的基准。通常将这项工作称为 GNSS 网的基准设计。GNSS 网的基准包括位置基准、方位基准和尺度基准。位置基准一般由 GNSS 网中起算点的坐标确定。方位基准一般由给定的起算方位角值确定，也可以将 GNSS 基线向量的方位作为方位基准。尺度基准一般由 GNSS 网中两起算点间的坐标反算距离确定，也可以利用地面的电磁波测距边确定，或者直接根据 GNSS 基线向量的距离确定。因此，GNSS 网的基准设计，实质上主要是指确定网的位置基准问题。

1. 位置基准设计

GNSS 网的位置基准一般都是由给定的起算点坐标确定。研究表明，GNSS 基线向量解算中作为位置基准的固定点误差，是引起基线误差的一个重要因素。使用测量时获得的单点定位坐标成果作为起算坐标，其误差可达数十米以上，导致选用不同点的单点定位坐标值作为固定点时，引起的基线向量误差可达数厘米。因此必须对网的位置基准进行设计。应按如下优先顺序采用：

（1）如果网中有国家 A、B 级 GNSS 控制点或者其他高等级 GNSS 控制点，应优先采用这些点在 WGS-84 坐标系的坐标值，作为解算基线向量的固定位置基准。

（2）若网中有较高等级的国家坐标或地方坐标系下的坐标，可以通过它们转换成 WGS-84 坐标后，把它作为 GNSS 网的固定位置基准。

（3）若网中无任何其他已知起算数据，可选网中长时间观测（不少于 30 分钟）的点，将其长时间观测的单点定位结果作为固定位置基准。

2. 尺度基准

尺度基准一般由电磁波测距的方式确定，或者由两个以上起算点的距离确定，也可以用 GNSS 基线向量的距离确定。GNSS 观测量本身已经含有尺度信息，但是由于 GNSS 网的尺度含有系统误差，因此需要提供外部尺度基准。

消除 GNSS 网尺度系统误差，提供 GNSS 网外部基准的方法主要有以下几种方案：

1）提供外部尺度基准

对于边长小于 50 km 的 GNSS 网，可以采用高精度的电磁波测距仪（精度在 1×10^{-6} 以上）测量 2~3 条基线边长，作为整网的尺度基准。对于长基线的 GNSS 网，可以采用 SLR 站的相对定位观测值和 VLBI 基线作为 GNSS 网的尺度基准。

2）提供内部尺度基准

在无法提供外部尺度基准时，仍可以采用不同时期长时间、多次测量的 GNSS 观测值作为 GNSS 网的尺度基准。

3. 方位基准

方位基准一般以给定的方位角确定，也可以由两个以上起算点反算方位角的方法确定，或者由 GNSS 基线向量的方位作为方位基准。

4. 在进行 GNSS 网的基准设计时，应考虑的问题

（1）应在地面坐标系中选定起算数据和联测原有地方控制点若干个，可以用以转换坐标。

（2）为了保证 GNSS 网平差后的坐标精度均匀性和减少尺度比对误差的影响，对 GNSS 网内的高等级国家点或原城市等级控制点，应同未知点连接构成图形。

（3）联测的高程点需均匀分布在网中，对丘陵或山区联测高程点，应按高程拟合曲面的要求进行布设。

（4）新建 GNSS 网的坐标应尽可能与测区过去采用的坐标一致。

4.1.4 GNSS 网图形设计

在进行 GNSS 网图形设计前，必须明确有关 GNSS 网构成的几个概念，掌握网的特征条件计算方法。

1. GNSS 网构成的几个基本概念

（1）观测时段：测站上开始接收卫星信号到观测停止，连续工作的时间段简称时段。

（1）同步观测：两台或两台以上接收机同时对同一组卫星进行的观测。

（3）同步观测环：三台或三台以上接收机同步观测获得的基线向量所构成的闭合环，简称同步环。

（4）独立基线：对于 N 台 GNSS 接收机构成的同步观测环，有 J 条同步观测基线，其中独立基线数为 $N-1$。独立基线之间没有相关性。

（5）独立观测环：由独立观测所获得的基线向量构成的闭合环，简称独立环。

（6）异步观测环：在构成多边形环路的所有基线向量中，只要有非同步观测基线向量，则该多边形环路叫异步观测环，简称异步环。

（7）非独立基线：除独立基线外的其他基线叫非独立基线，总基线数与独立基线之差为非独立基线数。

2. GNSS 网特征条件的计算

假若在一个测区中需要布设 n 个 GNSS 点，用 N 台收接机进行观测，在每一个点观测 m 次，则 GNSS 观测时段数 S 为

$$S = \frac{m}{N} \cdot n \tag{4-2}$$

总基线数：$\quad B_{总} = S \cdot N \cdot (N-1)/2 \tag{4-3}$

必要基线数：$\quad B_{必} = n-1 \tag{4-4}$

独立基线数：$\quad B_{独} = S \cdot (N-1) \tag{4-5}$

多余基线数：$\quad B_{多} = S \cdot (N-1) - (n-1) \tag{4-6}$

3. GNSS 网同步图形构成及独立边选择

根据公式（4-3），由 N 台 GNSS 接收机同步观测可得到的基线（GNSS 边）数为

$$B = N(N-1)/2 \tag{4-7}$$

但其中仅有 $N-1$ 条是独立边,其余为非独立。图 4-1 给出了当接收机数 $N = 2 \sim 5$ 时所构成的同步图形。

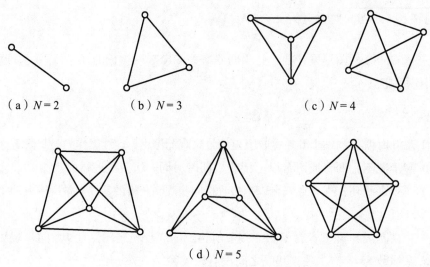

（a）$N=2$ （b）$N=3$ （c）$N=4$

（d）$N=5$

图 4-1　N 台接收机同步观测图形

当同步观测的 GNSS 接收机数 $N \geqslant 3$ 时,同步闭合环的最少个数应为

$$L = B - (N-1) = (N-1)(N-2)/2 \tag{4-8}$$

图 4-2 给出了 $N-1$ 条独立 GNSS 边的不同选择形式。

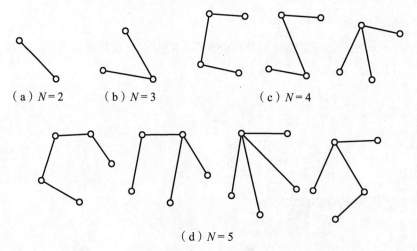

（a）$N=2$ （b）$N=3$ （c）$N=4$

（d）$N=5$

图 4-2　独立 GNSS 边的不同选择

接收机数 N、GNSS 边数 B 和同步闭合环 L（最小个数）的对应关系见表 4-4。

表 4-4　N 与 B、L 的关系

N	2	3	4	5	6
B	1	3	6	10	15
L	0	1	3	6	10

理论上，同步闭合环中各 GNSS 的坐标差之和即闭合差应为零，但实际上并非如此，一般规范都规定了同步闭合差的限差。

在工程应用中，同步闭合环的闭合差较小只能说明基线向量的计算合格，并不能说明 GNSS 边的观测精度高，也不能发现接收的信号受到干扰而产生的某些粗差。

为了确保 GNSS 观测效果的可靠性，有效地发现观测成果中的粗差，必须使 GNSS 网中的独立边构成一定的几何图形。这种几何图形可以是由数条独立边构成的非同步闭合环（亦称异步环）。

GNSS 网的图形设计，也就是根据所布设的网的精度要求和其他方面的要求，设计出由独立边构成的多边形网。

4. GNSS 网图形设计

由于 GNSS 控制网点间不需要通视，并且网的精度主要取决于观测时与测站间的几何图形，观测数据的质量、数据处理的方法，与 GNSS 网形关系不大，因此，在 GNSS 布网时，与常规网相比，较为灵活方便，GNSS 网布设主要取决于用户的要求和用途，GNSS 控制网是由同步图形作为基本图形扩展得到的，采用的连接方式不同，接收机的数量不同，网形结构的形状也不同，GNSS 控制网的布设就是要将各同步图形合理地衔接成一个整体，使其达到精度高、可靠性强、效率高、经济实用的目的。

GNSS 控制网常用的布网方式有：跟踪站式、会战式、多基准站式（枢纽点式）、同步图形扩展式、同步图形扩展式及单基准站式。

1）跟踪站式

若干台接收机长期固定安放在测站上，进行常年、不间断的观测，即一年观测 365 天，一天观测 24 h，这种观测方式很像是跟踪站，因此，这种布网形式被称为跟踪站式。接收机在各个测站上进行了连续的观测，观测时间长、数据量大，数据处理通常采用精密星历。跟踪站式的布网方式精度极高，具有框架基准的特性。

每个跟踪站为了保证连续观测，需建立专门的永久性建筑即跟踪站，观测成本很高。

这种布网方式一般适用于用于建立 GNSS 跟踪站（A 级网），永久性的监测网（如用于监测地壳形变、大气物理参数等的永久性监测网络）。

2）会战式的布网

在布设 GNSS 网时，一次组织多台 GNSS 接收机，集中在一段不太长的时间内，共同作业。在作业时，观测分阶段进行，在同一阶段中，所有的接收机，在若干天的时间

里分别各自在同一批点上进行多天、长时段的同步观测，在完成一批点的测量后，所有接收机又都迁移到另外一批点上采用相同方式，进行另一阶段的观测，直至所有点观测完毕。会战式布网的优点是可以较好地消除 SA 政策等因素的影响，因而具有特高的尺度精度。一般适用于布设 A、B 级网。

3）多基准站式的布网

若干台接收机在一段时间里长期固定在某几个点上进行长时间的观测，这些测站称为基准站，如图 4-3 所示。在基准站进行观测的同时，另外一些接收机则在这些基准站周围相互之间进行同步观测。多基准站式布网的优点是各个基准站之间进行了长时间的观测，因此，可以获得较高精度的定位结果，这些高精度的基线向量可以作为整个 GNSS 网的骨架。另一方面，其余的进行了同步观测的接收机间除了自身间有基线向量相连外，它们与各个基准站之间也存在有同步观测，因此，也有同步观测基线相连，这样可以获得更强的图形结构。适用范围：C、D 级 GNSS 网观测。

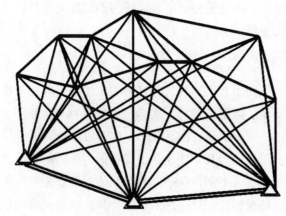

图 4-3 多基准站式网

4）同步图形扩展式

GNSS 网以同步图形的形式连接扩展，构成具有一定数量独立环的布网形式，不同的同步图形间有若干公共点连接，具有测量速度快、方法简单、图形强度较好等优点，是主要的 GNSS 布网形式。可以分为点连式、边连式、网连式和混连式。

（1）点连式（图 4-4），相邻同步图形之间只有一个公共点连接。这种布网方式图形扩展快，几何强度较弱，抗粗差能力较差，如果连接点发生问题会影响到后面的同步图形。一般可以加测几个时段以增强网的异步图形闭合条件的个数。

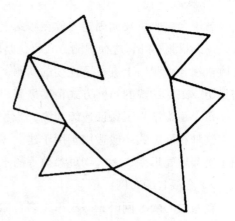

图 4-4 点连式网

（2）边连式（图 4-5），相邻同步图形由一条公共基线连接。这种布网方式几何强度较高，抗粗差能力较强，有较多的复测边和非同步图形闭合条件，在相同的仪器个数的条件下，观测时段将比点连接方式大大增加。

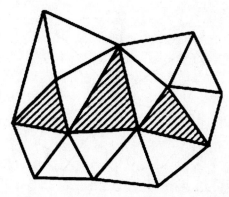

图 4-5　边连式网

（3）网连式，相邻同步图形之间有两个以上的公共点相连接，相邻图形间有一定的重叠。这种作业方法需要 4 台以上的接收机。采用这种布网方式所测设的 GNSS 网具有较强的图形强度和较高的可靠性，但作业效率低，花费的经费和时间较多，一般仅适于要求精度较高的控制网测量。

（4）混连式（图 4-6），该方式是把点连式和边连式有机地结合在一起，这种方式既可以提高网的几何强度和可靠性指标，又减少了外业工作量，是一种较为理想的布网方法。

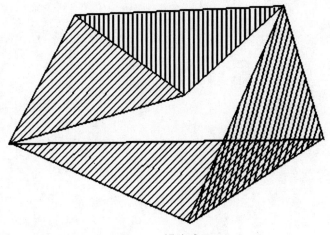

图 4-6　混连式网

5）单基准站（星形网）式的布网

以一台接收机作为基准站，在某个测站上连续观测，其余的接收机在基准站观测期间，在其周围流动，每到一点就进行观测，流动的接收机之间一般不要求同步，这样，流动的接收机每观测一个时段，就与基准站间测得一条同步观测基线，所有这样测得的同步基线就形成了一个以基准站为中心的星形 GNSS 网，如图 4-7 所示。单基准站式的优点是作业效率高，但因缺少检核，因此图形强度弱。适用范围：D、E 级 GNSS 网。

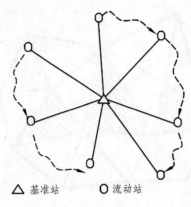

△ 基准站　　O 流动站

图 4-7　单基准站式网

在进行 GNSS 外业观测之前，应做好施测前的测区踏勘、资料收集、器材准备、观测计划拟定、GNSS 接收机的检定及技术设计书的编写等工作。

4.2.1 GNSS 测量准备工作

1. 测区踏勘

在接收下达的 GNSS 测量任务后，可根据合同规定内容，依据施工设计图踏勘测区，主要了解下列情况，以便为编写技术设计、施工设计、成本预算等提供基础资料。

（1）交通情况：公路、铁路、乡村便道的分布及通行情况。

（2）水系分布情况：江河、湖泊、池塘等分布情况，桥梁、码头及水路交通情况。

（3）植被情况：森林、草原、农作物的分布及面积。

（4）控制点分布情况：三角点、水准点、GNSS 点、导线点的等级、坐标系统、高程系统、点位的数量及分布，点位标志的保存状况等。

（5）居民点分布情况：测区内城镇、乡村居民点的分布，食宿及供电情况。

（6）当地风俗民情：民族的分布、风俗、习惯，地方方言，以及社会治安情况。

2. 资料收集

收集资料是进行控制网技术设计的一项重要工作。技术设计前应收集测区或工程各项有关的资料。结合 GNSS 控制网测量工作的特点，并结合测区具体情况。

（1）各类图件：测区 1∶1 万～1∶10 万比例尺地形图；大地水准面起伏图、交通图等。

（2）原有控制测量资料：点的平面图、高程、坐标系统、技术总结等有关资料，国家及各测绘部门所设三角点、水准点、GNSS 点、导线点等控制点测量成果及相关的技术总结资料。

（3）测区有关的地质、气象、交通、通信等方面。

（4）城市及乡、村行政划分表。

（5）有关的规范、规程。

3. 设备、器材筹备及人员组织

根据技术设计的要求，设备、器材筹备及人员组织应包括以下内容：

（1）观测仪器、计算机及配套设备的准备。

（2）交通、通信设施的准备。

（3）准备施工器材，计划油料和其他消耗材料。

（4）组织测量队伍，拟订测量人员名单及岗位，并进行必要的培训。

（5）进行测量工作成本的详细预算。

4. 拟定外业观测计划

外业观测工作是 GNSS 测量的主要工作，观测开始之前，外业观测计划的拟定对于顺利完成野外数据采集任务，保证测量精度，提高工作效率是极其重要的。在施测前，应根据网的布设方案、规模大小、精度要求、经费预算、GNSS 卫星星座、参与作业的 GNSS 接收机的数量及后勤保障条件，制订观测计划。

GNSS 静态外业
数据采集计划拟定

1）制订观测计划的依据

（1）根据 GNSS 网的精度要求确定所需的观测时间、观测时段数、GNSS 网规模的大小、点位精度及密度。

（2）观测期间 GNSS 卫星星历分布状况、卫星的几何图形强度：空间精度因子（PDOP）值不得大于 6；必须作可见卫星预报。

（3）参加作业的 GNSS 接收机类型及数量。

（4）测区交通、通信及后勤保障等。

2）观测计划的主要内容

（1）选择卫星的几何图形强度。

GNSS 定位精度同卫星与测站构成的几何图形有关，所测卫星与测站所组成的几何图形，其强度因子可用 PDOP 来表示，无论绝对定位还是相对定位，PDOP 值不应大于 6。

（2）选择最佳观测时段。

可见卫星的数量大于 4 颗，且分布均匀，PDOP 值小于 6 的时段就是最佳观测时段。

（3）观测区域的设计与划分。

当 GNSS 网的点数较多，网的规模较大，而参与观测的接收机数量有限，交通和通信不便时，可实行分区观测。但必须在相邻分区设置公共点，且公共点的数量一般不少于 3 个。当相邻分区的公共点过少，或者分配不合理时，会导致网的整体性变差，从而影响网的精度，增加公共点会延缓测量的工作进程，用户应根据情况选择公共点的数量和位置。

（4）接收机调度计划拟定。

作业组应根据测区的地形、交通状况、控制网的大小、精度的高低、仪器的数量、GNSS 网的设计、等情况拟定接收机调度计划和编制作业的调度表，以提高工作效益。

调度计划制订遵循以下原则：

① 保证同步观测；

② 保证足够重复基线；

③ 设计最优接收机调度路径；

④ 保证作业效率；

⑤ 保证最佳观测窗口。

表 4-5 为包括观测时段、测站号/名及接收机号的作业调度表模板。

表 4-5　GNSS 接收机调度表

| 时段编号 | 观测时间 | 测站号/名 | 测站号/名 | 测站号/名 | 测站号/名 | 测站号/名 | 测站号/名 |
		机号	机号	机号	机号	机号	机号
1							
2							
3							

（5）采用规定格式的 GNSS 外业观测通知单（表 4-6）进行调度。

表 4-6　GNSS 外业观测通知单

观测日期：　　　　年　　月　　日	
组别：　　　　操作员：　　　　接收机号：	
点位所在图幅：	
测站号/名：	
观测时段：1.　　　　　　　　2.	
3.　　　　　　　　4.	
5.　　　　　　　　6.	
安排人：　　　　年　　月　　日	

4.2.2　编制技术设计书

技术设计是一项 GNSS 测量项目进行的依据，它用于指导 GNSS 的外业测量、数据处理等工作。它规定了项目进行应该遵循的规范、

GNSS 技术设计书、技术总结编制

应采取施测方案或方法，一份完整的技术设计，主要内容如下：

（1）项目概述：包括 GNSS 项目的来源、性质、用途及意义；项目的总体概况，如工作量等。

（2）测区概况：测区隶属的行政管辖；测区范围的地理坐标、控制面积；测区的交通状况和人文地理测区的地形及气候状况；测区控制点的分布及对控制点的分析、利用和评价。

（3）作业依据：完成该项目所需的所有的测量规范、工程规范、行业标准。

（4）技术要求：根据任务书或合同的要求或网的用途提出具体的精度指标要求、提交成果的坐标系统和高程系统等。

（5）测区已有资料的收集和利用情况：所收集到的测区资料，特别是测区已有的控制点的成果资料，包括控制点的数量、点名、坐标、高程、等级以及所属的系统，点位的保存状况，可利用的情况介绍。

（6）布网方案：在适当比例尺的地形图上进行 GNSS 网的图上设计，包括 GNSS 网点的图形、网点数、连接形式，GNSS 网结构特征的测算，精度估算和点位图的绘制。

（7）选点与埋标：GNSS 的点位基本要求，点位标志的选用及埋设方法，点位的编号等问题。

（8）GNSS 网的外业观测：采用的仪器与测量模式，观测的基本程序与观测的基本要求，观测计划的制定。对数据采集提出应注意的问题，包括外业观测时的具体操作规程、对中整平的精度、天线高的量测方法及精度要求，气象元素测量等。

（9）数据处理：数据处理的基本方法及使用的软件，起算点坐标选择；闭合环和重复基线的检验及点位精度的评定指标。

（10）质量保证措施：要求措施具体，方法可靠，能在实际中贯彻执行。

（11）人员配备情况。

（12）设备配备情况。

（13）验收与上交成果资料：规定提交成果的类型和形式，如需要提供的成果所属基准或者坐标系，是否提供高程结果等。

4.3.1 选点与埋石

1. 控制点的选择

GNSS 观测站间不需要通视，网的图形结构也较灵活，因此选点工作比经典控制测量简便。在开始选点工作前，除了收集测区内及周边地区的有关资料，了解原有测量标志点的分布及保存情况外，还应遵守以下原则：

（1）点位应设在易于安装接收设备、视野开阔的较高点上。

（2）点位目标要显著，视场周围 15°以上不应有障碍物，以避免 GNSS 信号被遮挡或被障碍物吸收。

（3）点位应远离在大功率无线电发射源（如电视机、微波炉等）其距离不少于 200 m，远离高压输电线，其距离不得少于 50 m，以避免电磁场对 GNSS 信号的干扰。

（4）点位附近不应有在面积水域或不应有强烈干扰卫星信号接收的物体，以减弱多路径效应的影响。

（5）点位应选在交通方便，有利于其他观测手段扩展与联测的地方。

（6）地面基础稳定，易于点的保存。

（7）选点人员应按技术设计进行踏勘，在实地按要求选定点位。当利用旧点时，应对旧点的稳定性、完好性，以及觇标是否安全可用作一检查，符合要求方可利用。

（8）网形应有利于同步观测边、点联结。

（9）当所选点位需要进行水准联测时，选点人员应实地踏勘水准路线，提出有关建议。

2. 标志埋设

GNSS 网点一般应埋设具有中心标志的标石，以精确标志点位，点的标石和标志必须稳定、坚固，以便长久保存和利用。在基岩露头地区，也可以直接在基岩上嵌入金属标志。

埋石工作应符合以下要求：

（1）城市各等级 GNSS 控制点应埋设永久性测量标志，标志应满足平面、高程共用的要求。标石及标志规格应符合规范的要求。

（2）控制点中心标志应用铜、不锈钢或其他耐腐蚀、耐磨损的材料制作，应安放正直，镶接牢固，控制点中心应有清晰、精细的十字线或嵌入直径小于 0.5 mm 的不同颜色的金属；标志顶部应为圆球状且顶部应高出标石面。

（3）控制点可用混凝土预制或者现场灌制；利用基岩、混凝土或沥青路面时，可以凿孔现场灌注混凝土埋设标志；利用硬质地面时，可以在地面上刻正方形方框，其中心埋入直径不大于 2 mm、长度不短于 30 mm 的铜条作为标志。

（4）埋设 GNSS 观测墩应符合规范（规程）的要求。

（5）标石的底部应埋设在冻土层以下，并浇灌混凝土基础。

（6）GNSS 控制测量点埋设经过一个雨季和一个冻结期，方可进行观测，地质坚硬的地方可在混凝土浇筑一周后进行观测。

（7）新埋标石时，应办理测量标志委托保管。

（8）每个点标石埋设结束后，应填写点之记并提交以下资料：

① 点之记（表 4-7）；

② GNSS 网的选取点网图；

③ 土地占用批准文件与测量标志委托保管书；

④ 选点与埋石工作技术总结。

表 4-7　GNSS 点点之记

点　名		点　号		等　级	
地　类		土　质		标石类型	
点所在地					
点位说明					
通视方向		远景照片：			
概略位置	X: Y:				
所在图幅号					
作业单位					
选点者					
埋石者					
日　期					
概略图：		近景照片：			
备　注					

4.3.2 观测工作

1. 观测工作的技术要求

GNSS 观测的工作与常规测量在技术要求上有很大的区别，各级 GNSS 测量基本技术要求按表 4-8 执行。

表 4-8 各级 GNSS 测量作业基本技术要求

项 目	级 别			
	B	C	D	E
卫星截止高度角/（°）	10	15	15	15
同时观测有效卫星数	≥4	≥4	≥4	≥4
有效观测卫星总数	≥20	≥6	≥4	≥4
观测时段数	≥3	≥2	≥1.6	≥1.6
时段长度	≥23 h	≥4 h	≥60 min	≥40 min
采样间隔/s	30	10～30	5～15	5～15

2. 安置仪器

在正常点位，天线应架设在三脚架上，并安置在标志中心的上方直接对中，天线基座上的圆水准气泡必须整平。注意观测站周围环境必须符合 GNSS 控制点选点要求。在特殊点位，当天线需要安置在三角点觇标的观测台或回光台上时应先将觇顶拆除，防止对 GNSS 信号的遮挡。

天线的定向标志应指向正北，并顾及当地磁偏角的影响，以减弱相位中心偏差的影响。天线定向误差依定位精度不同而异，一般不应超过 ±（3°～5°）。

刮风天气安置天线时，应将天线进行三向固定，以防倒地碰坏。雷雨天气安置时，应该注意将其底盘接地，以防雷击天线。

架设天线不宜过低，一般应距地 1 m 以上。天线架设好后，在圆盘天线间隔 120°的三个方向分别量取天线高，三次测量结果之差不应超过 3 mm，取其三次结果的平均值记入测量手簿中，天线高记录取值 0.001 m。

在高精度 GNSS 测量中，要求测定气象元素。每时段气象观测应不少于 3 次（时段开始、中间、结束）。气压读至 0.1 hPa，气温读至 0.1 ℃，对一般城市及工程测量只记录天气状况。

3. 观测作业

观测作业的主要目的是捕获 GNSS 卫星信号，并对其进行跟踪、处理和量测，以获得所需要的定位信息和观测数据。

天线安置完成后，在离开天线适当位置的地面上安放 GNSS 接收机，接通接收机与电源、天线、控制器的连接电缆，并经过预热和静置，即可启动接收机进行观测。

通常来说，在外业观测工作中，仪器操作人员应注意以下事项：

（1）当确认外接电源电缆及天线等各项连接完全无误后，方可接通电源，启动接收机。

（2）开机后接收机有关指示显示正常并通过自测后，方能输入有关测站和时段控制信息。

（3）接收机在开始记录数据后，应注意查看有关观测卫星数量、卫星号、相位测量残差、实时定位结果及其变化、存储介质记录等情况。

（4）一个时段观测过程中，不允许进行以下操作：关闭又重新启动；进行自测试（发现故障除外）；改变卫星高度角；改变天线位置；改变数据采样间隔；按动关闭文件和删除文件等功能键。

（5）每一观测时段中，气象元素一般应在始、中、末各观测记录一次，当时段较长时可适当增加观测次数。

（6）在观测过程中要特别注意供电情况，除在出测前认真检查电池容量是否充足外，作业中观测人员不要远离接收机，听到仪器的低电报警要及时予以处理，否则可能会造成仪器内部数据的破坏或丢失。对观测时段较长的观测工作，建议尽量采用太阳能电池或汽车瓶进行供电。

（7）仪器高一定要按规定在始、末各测一次，并及时输入及记入测量手簿之中。

（8）接收机在观测过程中不要靠近接收机使用对讲机；雷雨季节架设天线要防止雷击，雷雨过境时应关机停测，并卸下天线。

（9）观测站的全部预定作业项目经检查均已按规定完成，且记录与资料完整无误后方可迁站。

（10）观测过程中要随时查看仪器内存或硬盘容量，每日观测结束后，应及时将数据转存至计算机硬盘、光盘、记忆卡上，确保观测数据不丢失。

4. 观测记录

观测记录由 GNSS 接收机自动进行，均记录在存储介质（如硬盘、光盘或记忆卡等）上，其主要内容有：

（1）载波相位观测值及相应的观测历元；

（2）同一历元的测码伪距观测值；

（3）GNSS 卫星星历及卫星钟差参数；

（4）实时绝对定位结果；

（5）测站控制信息及接收机工作状态信息。

测量手簿是在接收机启动前及观测过程中，由观测者随时填写的。其记录格式在现行《国标规范》中有规定，为便于使用，这里列出《国标规范》中观测记录格式（表 4-9）供参考。

表 4-9 中，备注栏应记载观测过程中发生的重要问题，问题出现的时间及其处理方式等。

观测记录和测量手簿都是 GNSS 精密定位的依据，必须认真、及时填写，坚决杜绝事后补记或追记。

表 4-9 外业观测手簿

观测者_____ 测站名_____ 天气状况_____	日期_____年_____月_____日 测站号_____ 时段数_____
测站近似坐标 经度：_____°_____′ 纬度：_____°_____′ 高程：_____m	本测站为 _____新点 _____等大地点 _____等水准点
记录时间（北京时间） 开始时间_____	结束时间_____
接收机号_____ 天线高：（m） 1._____ 2._____ 3._____	测后校核值_____ 平均值_____
天线高量取方式图	备注：

外业观测中存储介质上的数据文件应及时拷贝一式两份，分别保存在专人保管的防水、防静电的资料箱内。在存储介质的外部适当处应贴制标签，注明文件名、网区名、点名、时段名、采集日期、测量手簿编号等。

接收机内存数据文件在转录到外存介质上时，不得进行任何剔除或删改，不得调用任何对数据实施重新加工组合的操作指令。

4.4.1 技术总结

在 GNSS 测量成果完成后，应按要求编写技术总结。每项 GNSS 工程的技术总结不仅是工程一系列必要文档的主要组成部分，而且它还能使技术人员对工程的各个细节有完整和充分的了解，便于今后能够充分、全面地利用这些成果。通过技术总结，测量作业单位还能够总结经验，发现不足，为今后进行新的工程提供参考。技术总结的内容包括外业部分和内业部分，其中外业部分包括：

（1）测区及其位置，自然地理条件，交通，通信及供电情况。

（2）任务来源，项目名称，测区已有测量成果情况，本次施测的目的及基本精度要求。

（3）施工单位，施测时间，技术依据，作业人员的数量及技术状况等。

（4）技术依据，介绍作业依据的测量规范，工程规范，行业标准等。

（5）施测方案，介绍测量所采用的仪器类型、数量、精度、检验及使用状况，布网方案等。

（6）点位观测质量的评价，埋石与重合点情况。

（7）联测方法，完成各级点数量，补测与重测情况以及作业中存在问题的说明。

（8）外业观测数据质量分析与野外数据检核情况。

（9）结论：对整个工程的质量及成果做出结论。

内业部分包括：

（1）数据处理方案，所采用的软件，所采用的星历，起算数据，坐标系统、无约束平差和约束平差情况。

（2）误差检验及相关参数与平差结果的精度估计等。

（3）上交成果中存在的问题和需要说明的其他问题，建议或改进意见。

（4）综合附表与附图。

4.4.2 成果验收及上缴资料

1. 成果验收

GNSS 测量任务完成后，应按 CH1002 的规定进行成果验收。交送验收的成果包括观测记录的存储介质及其备份，内容与数量必须齐全、完整无缺，各项注记、整饰应符合要求。验收重点包括以下内容：

（1）实施方案是否符合规范和技术设计要求。

（2）补测、重测和数据剔除是否合理。

（3）数据处理软件是否符合要求，处理的项目是否齐全，起算数据是否正确。

（4）各项技术指标是否达到要求。

（5）验收完成后，应写出成果验收报告。在验收报告中应按相关规范的规定对成果质量做出评定。

2. 上缴资料

（1）测量任务及技术设计书。

（2）点之记，环视图，测量标志委托保管书，选点资料与埋石资料。

（3）接收设备，气象及其他仪器的检验资料。

（4）外业观测记录，测量手簿及其他记录。

（5）数据处理中生成的文件，资料和成果表以及 GNSS 网及点图。

（6）技术总结和成果验收报告。

习题和思考题

1. GNSS 定位网设计的主要技术依据是什么？

2. 如何表示 GNSS 网的精度？如何划分 GNSS 网精度等级？

3. 同步观测、同步闭合环、异步闭合环的定义分别是什么？

4. 简述 GNSS 网形构成的几种形式。

5. 如何提高 GNSS 网的可靠性和精度？

6. 在 GNSS 观测前中，需要搜集哪些资料？

7. GNSS 测量技术设计书包括哪些主要内容？

8. GNSS 控制点选点有哪些要求？

9. 一项 GNSS 工程应上缴哪些技术成果资料？

项目 5　GNSS 测量数据内业解算

1. 了解 GNSS 数据处理的基本流程。

2. 理解基线向量解算、无约束平差、约束平差以及 GNSS 网与地面联合平差的基本原理。

3. 重点掌握常用 GNSS 随机软件的操作使用、GNSS 基线向量计算的质量评定指标以及利用 GNSS 水准测量将大地高转化为正常高的方法。

任务 5.1　GNSS 测量数据预处理

GNSS 数据处理是指对外业采集的原始观测数据进行处理，得到最终测量成果的过程。GNSS 数据处理分为以下几步：数据传输、数据预处理、基线解算、GNSS 网平差几个阶段，如图 5-1 所示。

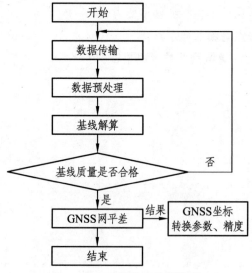

图 5-1　GNSS 数据处理流程

5.1.1　数据传输

由于观测过程中，接收机采集的数据存储在接收机内部存储器上，进行数据处理时必须将其下载到计算机上，这一数据下载过程即数据传输。通常，不同厂商的 GNSS 接收机有不同的数据存储格式，若采用的数据处理软件不能读取该格式的数据，则需事先进行数据格式转换，通常转换为 RINEX（GNSS 标准数据格式）格式，以便数据处理软件读取。

5.1.2　数据预处理

数据预处理的目的是对数据进行平滑滤波检验、粗差剔除；统一数据文件格式，并将各类数据文件加工成标准文件（GNSS 卫星轨道方程的标准化、卫星钟钟差标准化、观测文件标准化等）；找出整周跳变点并修复观测值；对观测值进行各种模型改正，为后面的计算工作做准备。

5.2.1 基线向量

基线向量是利用两台或两台以上的接收机所采集的同步观测数据形成的差分观测值通过参数估计的方法所计算出来的两两接收机之间的三维坐标差。与常规的地面测量所测定的基线边长不同，基线向量是既具有长度性，又具有方向特性的矢量。而基线边长则是仅具有长度特性的标量，如图 5-2 所示。

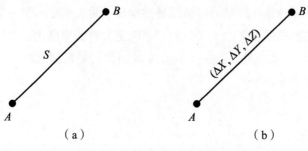

图 5-2 基线边长与基线向量

基线向量可采用空间直角坐标差、大地坐标差等形式来表示。采用空间直角坐标差形式表示的一条基线向量为

$$\boldsymbol{b}_i = [\Delta X_i \quad \Delta Y_i \quad \Delta Z_i]^\mathrm{T} \tag{5-1}$$

采用大地坐标差形式表示的一条基线向量为

$$\boldsymbol{b}_i = [\Delta B_i \quad \Delta L_i \quad \Delta H_i]^\mathrm{T} \tag{5-2}$$

这两种基线向量的表示形式在数学上是等价的，可相互转化。

5.2.2 基线向量解算过程

在基线解算过程中，通过对多台接收机的同步观测数据进行复杂的平差计算，得到基线向量及其相应的方差-协方差矩阵。解算中，要顾及周跳引起的数据剔除、观测数据粗差的发现和剔除、星座变化引起的整周未知数的增加等问题。基线解算的结果除了用于后续的网平差之外，还被用于检验和评估外业观测数据质量，它提供了点与点之间的相对位置关系，可确定网的形状和定向，而要确定网的位置基准，则需要引入外部起算数据。

基线向量解算的基本数学模型有非差载波相位模型、单差载波相位模型、双差载波相位模型、三差载波相位模型。在平差计算求解测站之间的基线向量时，一般选取双差载波相位模型，即以双差观测值或其线性组合作为平差解算时的观测量，以测站间的基线向量坐标 $b_i = [\Delta X_i \quad \Delta Y_i \quad \Delta Z_i]^T$ 为主要未知量，建立误差方程，用方程求解基线向量。其平差方式类似于间接平差法。由于平差过程复杂，这里略去。图 5-3 为基线向量的解算流程。

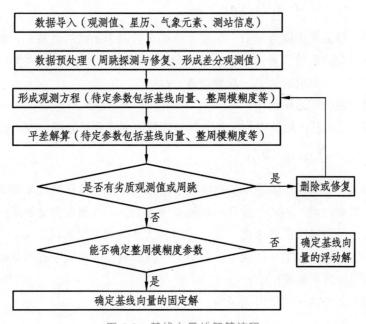

图 5-3　基线向量的解算流程

5.2.3　基线向量解算的质量控制

基线解算是 GNSS 静态相对定位数据后处理过程中的重要环节,其解算结果是 GNSS 基线向量网平差的基础数据,其质量好坏直接影响到 GNSS 静态相对定位测量的成果和精度。

基线解算质量控制的方法主要有以下几个指标:

（1）观测值残差的均方根。

$$RMS = \frac{V^T V}{n} \qquad (5\text{-}3)$$

RMS 表明了观测值与参数估值间的符合程度,观测质量越好,RMS 就越小;观测值质量越差则 RMS 越大,它不受观测条件（观测期间卫星分布图形）好坏的影响。

（2）数据删除率。

在基线解算时，如果观测值的改正数大于某一个阈值时，则认为该观测值含有粗差，需要将其删除。被删除观测值的数量与观测值的总数的比值，就是数据删除率。

数据删除率从某一方面反映出了 GNSS 原始观测值的质量。数据删除率越高，说明观测值的质量越差。一般 GNSS 测量技术规范规定，同一时段观测值的数据剔除率应小于 10%。

（3）比率。

$$RATIO = RMS_{次最小} / RMS_{最小} \qquad (5\text{-}4)$$

可以看出：该值大于或等于 1，反映了所确定整周未知数的可靠性，值越大，可靠性越高。它既与观测值的质量有关，也与观测条件的好坏有关，通常观测时卫星数量越多，分布越均匀；观测时间越长，观测条件也越好。

（4）相对几何强度因子。

$RDOP$ 指的是在基线解算时待定参数的协因数阵的迹的平方根，即

$$RDOP = \sqrt{\text{tr}(Q)} \qquad (5\text{-}5)$$

$RDOP$ 的大小与基线位置和卫星在空间中的几何分布及运行轨迹（即观测条件）有关，当基线位置确定后，$RDOP$ 就只与观测条件有关，而观测条件又是时间的函数，因此，实际上对于某条基线向量来讲，其 $RDOP$ 的大小与观测时间段有关。

$RDOP$ 表明了 GNSS 卫星的状态对相对定位的影响，即取决于观测条件的好坏，它不受观测值质量好坏的影响。

（5）单位权方差因子（参考因子）。

$$\hat{\sigma}_0 = \frac{V^T P V}{n} \qquad (5\text{-}6)$$

式中，V ——观测值的残差；

P ——观测值的权；

n ——观测值的总数。

单位权方差因子以毫米为单位，该值越小，表明基线的观测值残差越小且相对集中，观测质量也较好，可在一定程度上反映观测值质量的优劣。

（6）同步环闭合差。

同步环闭合差指同步观测基线所组成的闭合环闭合差。从理论上讲，同步观测基线间具有一定的内在联系，从而使同步环闭合差三维向量总和为 0。只要基线解算数学模型正确，数据处理无误，即使观测值质量不好，同步环闭合差也有可能非常小。所以，同步环闭合差不超限，不能说明环中所有基线质量合格，而同步环闭合差超限肯定表明闭合环中至少有 1 条基线向量有问题。

（7）异步环闭合差。

异步环闭合差指相互独立的基线组成闭合环的三维向量闭合差。异步环闭合差满足限差要求，说明组成异步环的所有基线向量质量合格；当异步环闭合差不满足限差要求时，则表明组成异步环的基线向量中至少有 1 条基线向量的质量有问题。若要确定哪些基线向量不合格，可以通过多个相邻的异步环闭合差检验或重复观测基线较差来确定。在实际作业中，将各基线同步观测时间少于观测时间的 40%所组成的闭合环按异步环处理。

（8）重复基线较差。

重复观测基线较差指不同观测时段对同一条基线进行重复观测的观测值间的差异，当其满足限差要求时，说明基线向量解算合格；当不满足时，则说明至少有一个时段观测的基线有问题，这条基线可通过多条复测基线来判定哪个时段的基线观测值有问题。

在网平差阶段，将基线解算所确定的基线向量作为观测值，将基线向量的验后方差-协方差阵作为确定观测值的权阵，同时，引入适当的起算数据，进行整网平差，确定网中各点的坐标。

在实际应用中，往往还需要将 WGS-84 坐标系统中的平差结果按用户需要进行坐标系统的转换，或者与地面网进行联合平差，确定 GNSS 网与经典地面网的转换参数，改善已有的经典地面网。

5.3.1　GNSS 网平差的目的

在 GNSS 网的数据处理过程中，基线解算所得的基线向量仅能确定 GNSS 网的几何形状，但无法提供最终网中各点的绝对坐标所需的绝对坐标基准。在 GNSS 网平差中，通过起算点坐标可以达到进入绝对基准的目的。不过这不是 GNSS 网平差的唯一目的，总结起来 GNSS 网平差的目的主要有 3 个：

（1）消除由观测值和已知条件中所存在的误差而引起的 GNSS 网在几何条件上的不一致。例如闭合环的闭合差不为零、复测基线较差不为零、由基线向量形成的附和导线闭合差不为零等。通过网平差可以消除这些不符值。

（2）改善 GNSS 网的质量，评定 GNSS 网的精度。通过网平差，我们可以获得一系列可以用于评估 GNSS 网精度的指标，如观测值改正数、观测值验后方差、观测值单位权方差、相邻点距离中误差、点位中误差等。结合这些精度指标，还可以设法确定出可能存在的粗差或者质量不佳的观测值，并对其进行相应的处理，从而达到改善网的质量的目的。

（3）确定 GNSS 网中点在指标参考系下的坐标以及其他所需参数的估值。在网平差过程中，通过引入起算数据（如已知点、已知边长、已知方向等），可最终确定出点在指定参考系下的坐标及其他一些参数（如基准转换参数等）。

5.3.2　GNSS 网平差的类型

根据 GNSS 网平差时所采用的观测量和已知条件的类型、数量，通常 GNSS 网平差分三维无约束平差、三维约束平差和三维联合平差等三种模型。

（1）三维无约束平差。

GNSS 网的三维无约束平差是在 WGS-84 三维空间直角坐标系下进行的，指的是在平差时不引入会造成 GNSS 网产生由非观测量所引起的变形的外部起算数据。常见的 GNSS 网的无约束平差,一般是在平差时没有起算数据或没有多余的起算数据。

（2）三维约束平差。

约束平差所采用的观测量也完全是 GNSS 基线向量,但与无约束平差不同的是平差中引入了国家大地坐标系或者地方坐标系的某些点的固定坐标、固定边长及固定方位为网的基准,将其作为平差中的约束条件,并在平差计算中考虑 GNSS 网与地面网之间的转换参数。

（3）三维联合平差。

GNSS 网的联合平差一般是在某一个地方坐标系下进行的,平差所采用的观测量除了 GNSS 基线向量外,有可能还引入了常规的地面观测值,这些常规的地面观测值包括边长观测值、角度观测值、方向观测值等;平差所采用的起算数据一般为地面点的三维大地坐标,除此之外,有时还加入了已知边长和已知方位等作为起算数据。工程中通常采用联合平差。

5.3.3 GNSS 网平差的流程

在 GNSS 网平差中,通过起算点坐标可以达到引入绝对基准的目的。在 GNSS 控制网的平差中,是以基线向量及协方差为基本观测量的。各类型的平差具有各自不同的功能,必须分阶段采用不同类型的网平差方法。基线向量网平差的流程如图 5-4 所示。

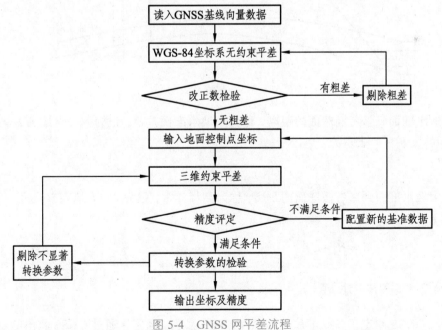

图 5-4　GNSS 网平差流程

　　传统的地面观测技术确定地面点的位置时，由于平面位置和高程所采用的基准面不同，以及确定平面位置和高程的技术手段不同，使平面位置和高程往往分开独立确定。GNSS 虽然可以精确测到点的三维坐标，但是其所确定的高程却是基于 WGS-84 椭球的大地高程，并非实际应用中采用的正常高程系统。因此，应找出 GNSS 点的大地高程同正常高程的关系，并采用一定模型进行转换。

5.4.1　高程系统之间的关系

　　地面点沿铅垂线方向至大地水准面的距离定义为正高 H_g，地面点沿铅垂线方向至似大地水准面的距离定义为正常高 H_γ，地面点沿法线方向至椭球面的距离定义为大地高 H，各高程系统间的关系如图 5-5 所示。

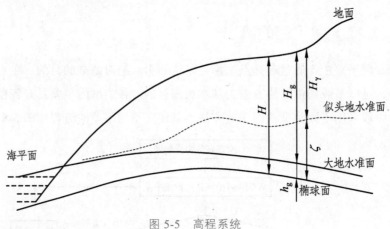

图 5-5　高程系统

　　大地水准面到参考椭球面的距离，称为大地水准面差距，记为 N。大地高 H 与正高 H_g 之间的关系可以表示为

$$H = H_g + N \qquad (5\text{-}7)$$

　　似大地水准面到参考椭球面的距离，称为高程异常，记为 ζ。大地高 H 与正常高 H_γ 之间的关系可以表示为

$$H = H_\gamma + \zeta \qquad (5\text{-}8)$$

5.4.2　GNSS 水准

　　采用 GNSS 测定正高或正常高，称为 GNSS 水准。通常，通过 GNSS 测出的是大地

高，要确定点的正高或正常高，需要进行高程系统转换，即需确定大地水准面差距或高程异常。由此可以看出，GNSS 水准实际上包括两方面内容：一方面是采用 GNSS 方法确定大地高，另一方面是采用其他技术方法确定大地水准面差距或高程异常。如果大地水准面差距已知，就能够通过式（5-7）进行大地高与正高间的相互转换，但当其未知时，则需要设法确定大地水准面差距的数值。确定大地水准面差距的基本方法有天文大地法、大地水准面模型法、重力测量法和几何内插法及残差模型法等方法。下面以几何内插法为例，介绍高程拟合的方法。

几何内插法的基本原理是利用既进行了 GNSS 观测，又进行了水准测量的公共点获得相应的大地水准面差距，采用平面或曲面拟合、配置、三次样条等内插方法，拟合出测区大地水准面，得到待定点的大地水准面差距，进而求出待求点的正高。

若在公共点上分别利用 GNSS 和水准测量测得了大地高和正高，利用式（5-9）可得其大地水准面差距，即

$$N = H - H_g \tag{5-9}$$

设大地水准面差距与点的坐标存在以下关系：

$$N = a_0 + a_1 dB + a_2 dL + a_3 dB^2 + a_4 dL^2 + a_5 dB dL \tag{5-10}$$

$$\left. \begin{array}{l} dB = B - B_0 \\ dL = L - L_0 \end{array} \right\} \tag{5-11}$$

式中，$B_0 = \dfrac{1}{n}\Sigma B$，$L_0 = \dfrac{1}{n}\Sigma L$，$n$ 为进行了 GNSS 观测的点数。

若存在 m 个这样的公共点，则有

$$V = AX + L \tag{5-12}$$

式中

$$A = \begin{bmatrix} 1 & dB_1 & dL_1 & dB_1^2 & dL_1^2 & dB_1 dL_1 \\ 1 & dB_2 & dL_2 & dB_2^2 & dL_2^2 & dB_2 dL_2 \\ & & & \cdots & & \\ 1 & dB_m & dL_m & dB_m^2 & dL_m^2 & dB_m dL_m \end{bmatrix}$$

$$X = \begin{bmatrix} a_0 & a_1 & a_2 & a_3 & a_4 & a_5 \end{bmatrix}^T$$

$$V = \begin{bmatrix} N_1 & N_2 & \cdots & N_m \end{bmatrix}$$

通过最小二乘可求解出多项式系数

$$X = -(A^T P A)^{-1} (A^T P L) \tag{5-13}$$

式中，权阵 P 根据大地高和正高的精度来确定。

可见，采用二次多项式来拟合大地水准面差距，至少需要 6 个公共点，才能求出多项式系数。解出系数后，可按式（5-10）来内插确定出待定点的大地水准面差距。从而求出正高。求出 GNSS 水准，可替代传统三、四等水准测量，大大提高作业效率。

为了提高拟合的精度，须注意以下问题：

（1）测区中联测的几何水准点的点数，视测区的大小和（似）大地水准面的变化情况而定，但联测的几何水准的点数不能少于待定点的个数。

（2）联测的几何水准点的点位，应均匀布设于测区，并能包围整个测区。

（3）对含有不同趋势地区的地形，在地形突变处的 GNSS 点，要联测几何水准，大的测区还可采取分区计算的方法。

任务 5.5 GNSS 数据处理

本节将广州南方测绘科技股份有限公司（以下简称"南方公司"或"南方测绘"）的 GNSS 后处理软件为例说明 GNSS 数据处理的全过程。《南方 GNSS 数据处理》主要是对 GNSS 星历数据进行基线处理，并将结果进行约束整网平差，得出控制网最后成果。该软件能处理南方公司的静态 GNSS 数据、各种进口 GNSS 接收机 RINEX 标准格式的数据。软件界面友好，全中文操作环境，能在标准的 Windows 平台上运行，自动化程度更高、操作更方便。《南方 GNSS 数据处理》的功能有：星历预报、数据传输、基线向量解算、网平差、质量分析、坐标转换、报表生成打印、结果输入、RINEX 格式转换等功能。

5.5.1　软件的安装

双击软件压缩包，弹出如图 5-6 所示窗口。

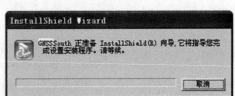

图 5-6　解压窗口

软件开始自解压，解压完毕进入软件安装的提示窗口，如图 5-7 所示。

同意安装协议并用鼠标单击图 5-8 "是"，安装将继续，窗口提示软件安装到计算机中的安装路径如图 5-9 所示。

图 5-7　安装提示窗口

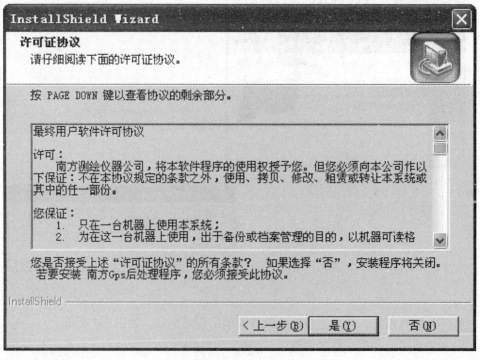

图 5-8　协议窗口

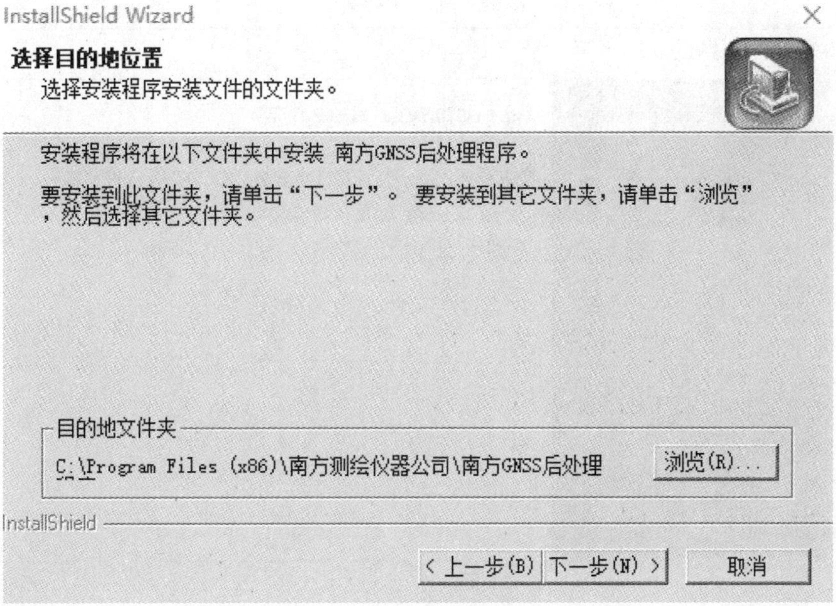

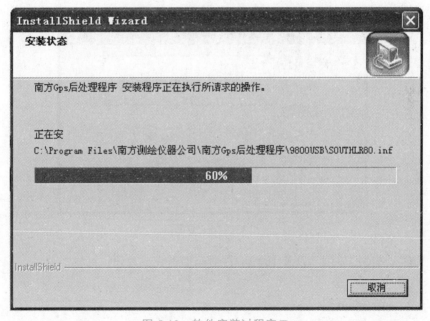

图 5-9　安装路径提示窗口

点击图 5-9 中的"浏览"，可选择自定义安装本软件的路径，当然也可使用图示默认路径"C：\Program Files\南方测绘仪器公司\南方 Gps 后处理程序"安装，选择好路径后用鼠标单击"下一步"弹出如图 5-10 所示窗口。

图 5-10　软件安装过程窗口

进度条达到 100%后，弹出如图 5-11 所示界面，点击"完成"，软件安装完毕。

图 5-11　结束窗口

　　软件安装完毕后，在计算机的桌面自动生成《南方 GNSS 数据处理》快捷方式。双击快捷方式，打开软件后首先进行注册，如图 5-12 所示。

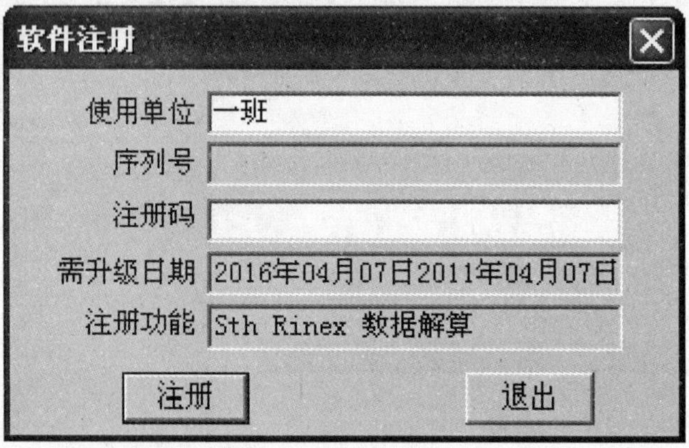

图 5-12　注册窗口

　　只要输入"使用单位"以及 16 位的注册码即可完成注册。

5.5.2　新建项目

　　点击《南方 GNSS 数据处理》的桌面快捷方式进入基线处理软件，界面如图 5-13 所示。

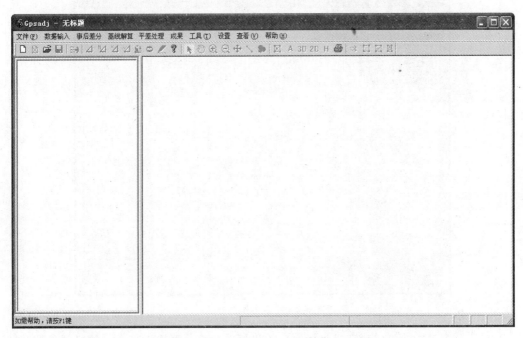

图 5-13 《南方 GNSS 数据处理》主界面

软件主界面由菜单栏、工具栏、状态栏以及当前窗口组成，并采用了工程化的管理模式，因此，在使用之前必须按照要求创建工程项目。创建工程项目的方法为：点击"文件"菜单下的"新建"项目，弹出界面如图 5-14 所示。

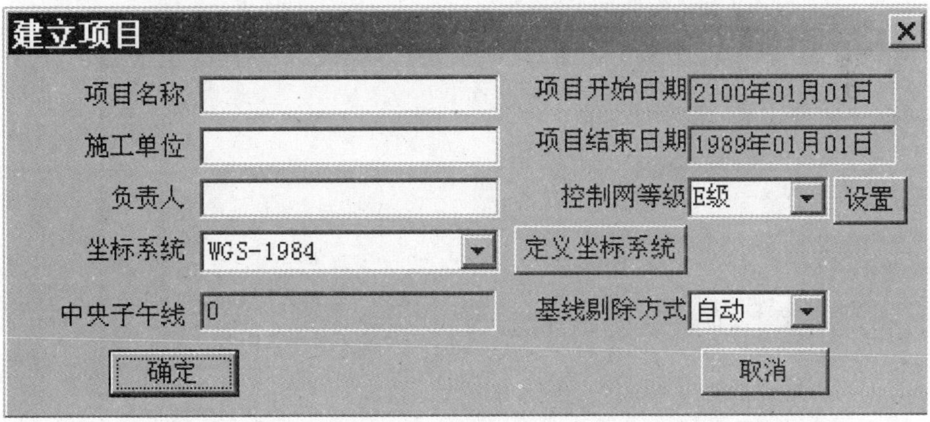

图 5-14　新建工程项目

在对话框中按照要求填入"项目名称""施工单位""负责人"，选择相应的"坐标系统""分度带""控制网等级""基线剔除方式"，最后点击"确定"按钮，完成操作。也可以自定义坐标系，单击"定义坐标系统"出现图 5-15 所示对话框。

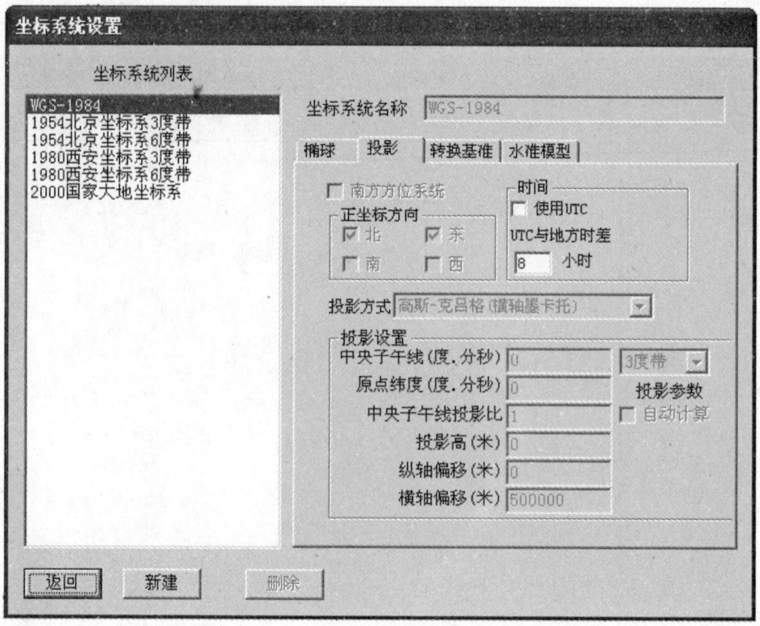

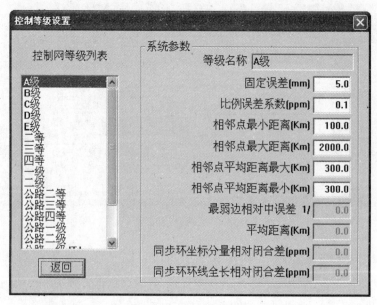

图 5-15　坐标系统设置

在这个窗口中，可以自定义坐标系，给坐标系命名，再输入坐标系的椭球参数和转换基准、投影设置的参数，自定义的坐标系便完成了，之后可以调用自定义的坐标系。

控制网的等级也可以自己设置，单击图 5-14 里面控制网等级后面的"设置"，出现如图 5-16 所示的对话框。

控制网的等级已经根据国家标准《全球定位系统（GPS）测量规范》（GB/T 18314—2009）的要求输入，实际工作中也可以根据实际情况输入地方标准的要求。

图 5-16　控制等级设置

5.5.3 导入数据

1. 导入观测数据

将野外 GNSS 采集数据导入软件，这些数据一般是南方公司的专用格式"*.STH"，但可以通过南方测绘的 GNSSADJ 软件处理成标准的 RINEX 格式文件。

数据输入菜单如图 5-17 所示：

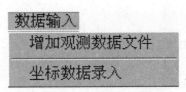

数据输入

增加观测数据文件

坐标数据录入

图 5-17 数据输入菜单

增加观测数据文件：在新建文件或者在当前项目文件中增加新的观测文件，可以选择读入南方测绘"*.STH"观测文件或标准的 RINEX 2.0 观测文件。可以在不同的路径中任意选择，如图 5-18 所示。

图 5-18 增加新的观测文件窗口

《南方 GNSS 数据处理》除了处理南方公司的数据外，还可对其他厂商的接收机所采集的数据进行处理。处理的方法是先把其他非南方公司的 GNSS 接收机采集的数据转换为标准的 RINEX 2.0（兼容 RINEX 1.0）格式，读入观测文件后进行向量解算以及网平差。

2. 坐标数据录入

在需要原始观测数据录入的情况下，点击"坐标数据录入"，界面如图 5-19 所示，再点击图中"请选择"，选择控制点点名（图 5-20）。

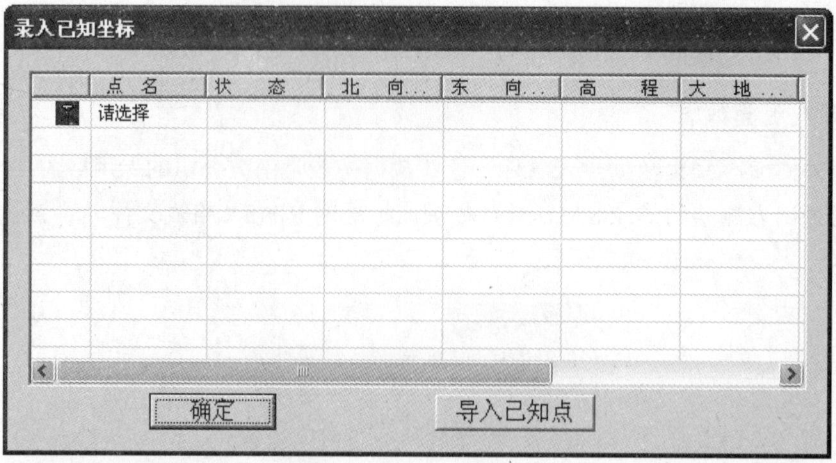

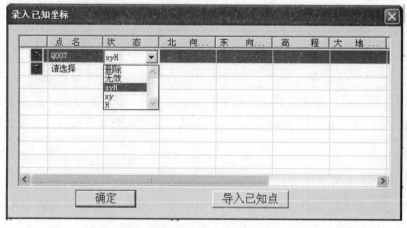

图 5-19 录入已知坐标

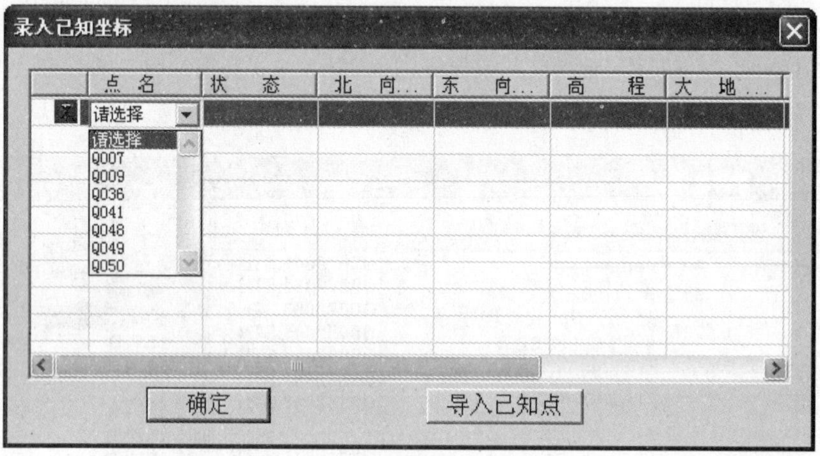

图 5-20 选择已知控制点

然后单击"状态"（图 5-21）输入已知点的坐标（图 5-22）。

图 5-21 选择已知控制点的状态

图 5-22 输入已知控制点的坐标

重复图 5-20 到图 5-22 步骤输入另外已知点的坐标。

5.5.4 基线的处理与解算

1. 解算设置

基线解算菜单如图 5-23 所示。

在基线处理前对基线的解算条件进行设置，点击"静态基线处理设置"弹出基线设置窗口如图 5-24 所示。

图 5-24 中基线基本信息各项目的含义是：

（1）设置作用选择：

① 全部解算：对所有调入软件的观测数据文件进行解算。当一条基线解算结束并解算合格（一般情况下要求比值即方差比大于 3.0）后，基线向量网图上表示的基线边将变红；不合格的基线将维持灰色。

② 新增基线：对新增加进来的基线单独解算。

③ 不合格基线：软件只处理上次解算后不合格的基线。

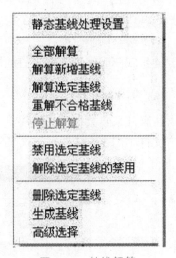

图 5-23 基线解算

（2）数据选择：

① 高度截止角：即卫星高度角截止角，通常情况下取其值为 20.0°，用户也可以适当地调整使其增大或者减小，但应当注意，当增大卫星高度截止角时，参与处理的卫星数据将减少，因此要保证有足够多的卫星参与运算，且 *GDOP* 良好，在卫星较多时，取 20.0°较为适宜。

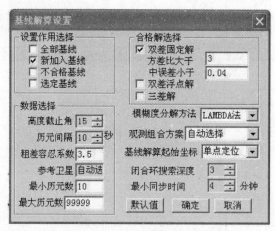

图 5-24　基线解算设置窗口

② 历元间隔：指运算时的历元间隔，该值默认取 5 s，可以任意指定，但是必须是采集间隔的整数倍。例如，采集数据时设置历元间隔为 15 s，而采样历元间隔设定 20 s，则实际处理的历元间隔将为 30 s。

③ 粗差容忍系数：默认值为 3.5。

（3）合格解选择：

可以选择双差固定解、双差浮点解、三差解。这里选择双差固定解、双差浮点解和三差解时，是对控制网的全部基线进行统一的设置。要对任一基线进行独立设置则必须选择该基线后双击再进行"合格解选择"的设置。

（4）最小同步时间：

同步观测时间小于设定值的同步基线将不参与计算。

2. 基线解算方法

将野外采集数据调入软件，可以用鼠标左键点击文件，一个个单选，也可"全选"所有文件（图 5-25）。

图 5-25　数据文件录入菜单

点击"确定"按钮，稍等片刻，调入完毕后，网图如图 5-26 所示。

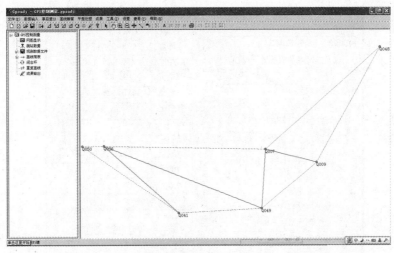

图 5-26　演示网图

在基线解算菜单选择解算全部基线，在软件下方的状态栏可看到处理的进度（图 5-27）。

BaseLine 15(3) Q0072053-Q0362051

图 5-27　处理进度

这一解算过程可能等待时间较长，基线处理完全结束后，网图如图 5-28 所示，颜色已由原来的绿色变成红色或灰色。

基线双差固定解方差比大于 2.5 的基线变红（软件默认值为 2.5），小于 2.5 的基线颜色变灰色。灰色基线方差比过低，可以进行重解。例如对于基线"Q009-Q007"，用鼠标直接在网图上双击该基线，选中基线由实线变成虚线后弹出基线解算对话框（图 5-29），在对话框的显示项目中可以对基线解算进行必要的设置。

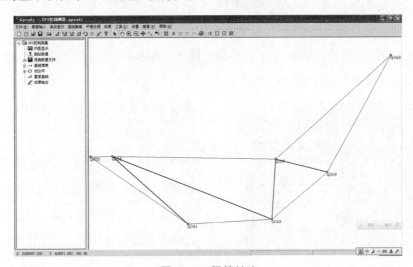

图 5-28　解算结束

图 5-29　基线情况

基线解算对话框各项设置的意义和使用说明如下：

"Q0092041-Q0072041 ▼"：显示当前处理的基线。当基线"Q009-Q007"中存在重复基线，可点击右端的小三角框选择要修改的重复基线，如图 5-30 所示。

Q0092041-Q0072041	▼
Q0092041-Q0072041	
Q0092052-Q0072052	

图 5-30　选择基线

注：文件"Q0092041"中"Q009"表示点名，"204"表示测量日期是 1 年中的第 204 天，"1"表示时段数。

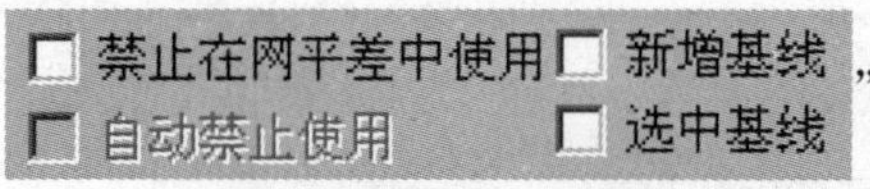

"□ 禁止在网平差中使用　□ 新增基线　□ 自动禁止使用　□ 选中基线"：在白色小方框中单击鼠标左键后小方框中出现小勾，表示此功能已经被选中；"禁止在网平差中使用"表现禁用当前的基线；"新增基线"表示当前基线为新增基线；"自动禁止使用"表示不合格的基线不参加组网；"选中基线"表示当前基线为正在处理的基线。

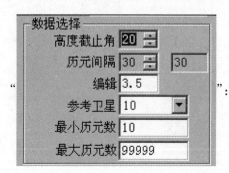

"　"：数据选择系列中的条件是对基线进行重解的重要条件。可以对"高度截止角"和"历元间隔"进行组合设置完成基线的重新解算以提高基线的方差比。历元间隔中的左边第一个数字历元项为解算历元，第二项为数据采集历元。当解算历元小于采

集历元时，软件解算采用采集历元，反之则采用设置的解算历元。"编辑"中的数字表示误差放大系数。参考卫星可进行选择，一般默认为自动选择接收信号效果最好的卫星。最小历元数和最大历元数为限制解算的数据，一般可设为默认值即可。

"合格解选择"为设置基线解的方法，分别有双差固定解、双差浮点解、三差解等三种，默认设置为双差固定解，其解算精度最优。

在反复组合高度截止角和历元间隔进行解算仍不合格的情况下，可点状态栏基线简表查看该条基线详表。点击左边状态栏中"基线简表"，点击基线"Q0092041-Q0072041"，显示栏中会显示基线详情，如图 5-31 所示。

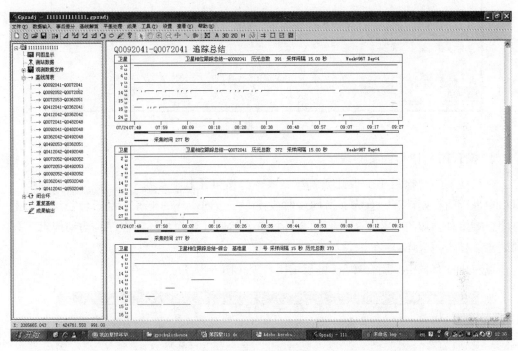

图 5-31　基线详解

图 5-31 中详细列出了每条基线的测站、星历情况，以及基线解算处理中周跳剔除、精度分析等处理情况。在基线简表窗口中将显示基线处理的情况，先解算三差解，最后解算出双差解，点击该基线可查看三差解、双差浮动解、双差固定解的详细情况。无效历元过多可在左边状态栏中"观测数据文件"下剔除，例如在 Q0072041.STH 数据双击弹出数据编辑框（图 5-32）。点中　，然后按住鼠标左键拖拉圈住上图中有历元中断的地方即可剔除无效历元，点中　可恢复剔除历元。在删除了无效历元后重解基线，若基线仍不合格，就应该考虑对不合格基线进行重测。

105

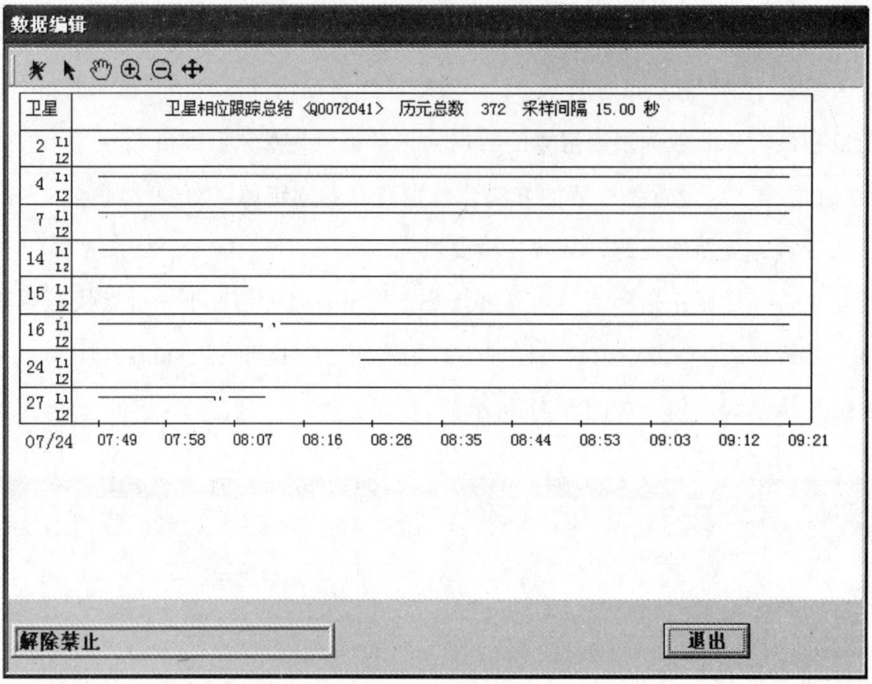

图 5-32 数据编辑

3. 检查闭合环和重复基线

待基线解算合格后（少数几条解算基线不合格可让其不参与平差），在"闭合环"窗口中进行闭合差计算。首先，对同步时段任一三边同步环的坐标分量闭合差和全长相对闭合差按独立环闭合差要求进行同步环检核，然后计算异步环。程序将自动搜索所有的同步、异步闭合环。

点左边状态栏中"闭合环"，可显示闭合差（图 5-33）。

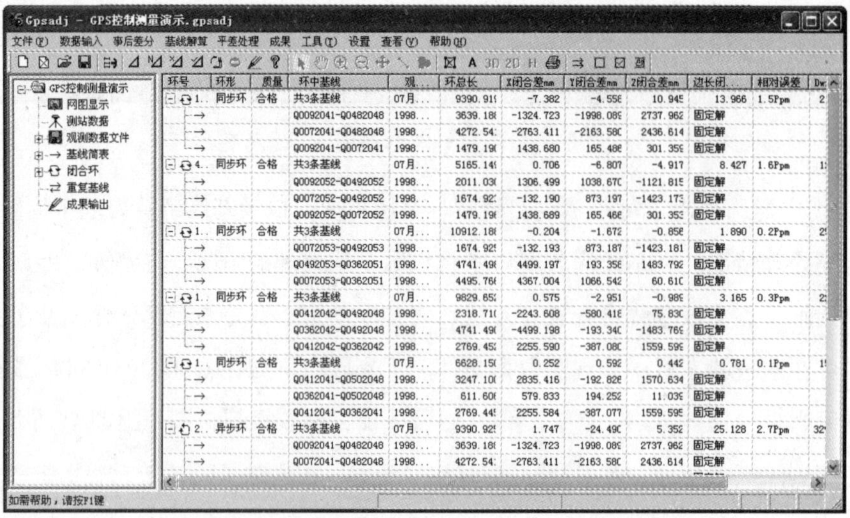

图 5-33 闭合环

图 5-33 中，此网所有的同步闭合环均小于 10 ppm，小于四等网（≤10 ppm）的要求。闭合差如果超限，那么必须剔除粗差基线。点击"基线简表"状态栏重新解算。根据基线解算以及闭合差计算的具体情况，对一些基线进行重新解算，具有多次观测基线的情况下可以不使用或者删除该基线。在出现孤点（即该点仅有一条合格基线相连）的情况下，必须野外重测该基线或者闭合环。

4. 特例处理

通常野外采集的 GNSS 数据在内业处理软件中不一定能一次性解算合格。平差时需要剔除一些粗差大或不合格基线并选择不同已知点来约束平差以求得最佳成果。以下面的工程项目为例：

图 5-34 为某单位的施工控制网，网中的基线 WLBJ-ZDDQ 这条重复基线解算后的方差比太低，如图 5-35 所示。

对此观测数据质量差的数据进行重新解算，一般我们采用以下三种措施：

1）确定合适的历元间隔

我们可从图 5-35 看到 WLBJ-ZDDQ 这条基线约有 16 km，而同步观测时间有 238 min，如果使用历元间隔 60 s 来解算，则一共有 238 个历元的数据参与解算，我们可看到图 5-35 解算后方差比较低，仅为 2.4，没达到成为合格固定双差解的条件。由于基线越长，所观测的采集时间也越长，而我们野外观测时间只有 238 min，现在可调整缩小历元间隔为 30 s 来解算，这时参与计算的一共有 476 个历元的数据，比用历元间隔 60 s 来解算则多一倍的数据量，这样可弥补观测时间不足。现在用 30 s 间隔来解算，结果如图 5-36 所示。

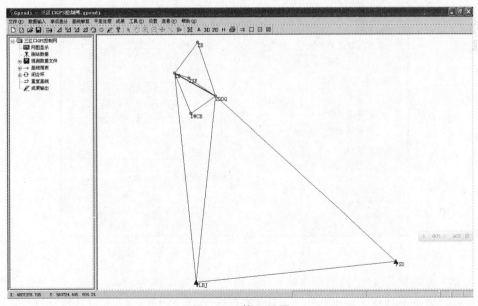

图 5-34　施工网图

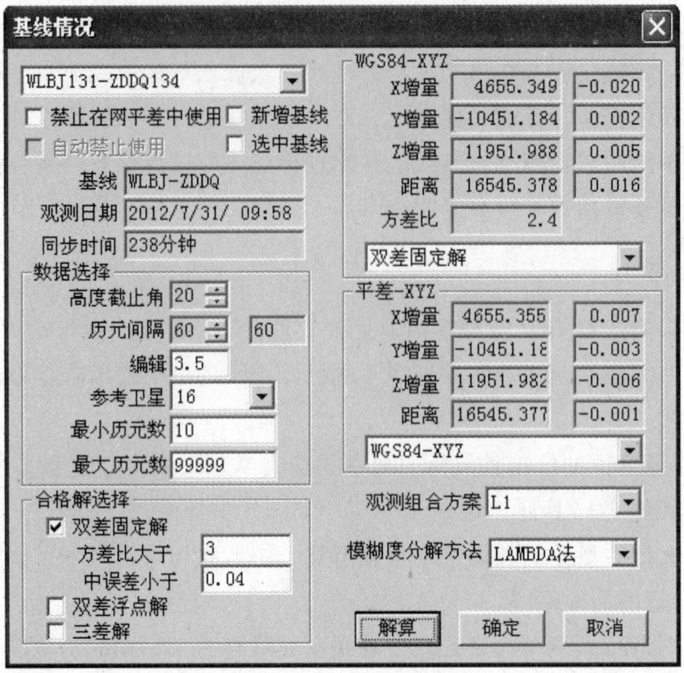

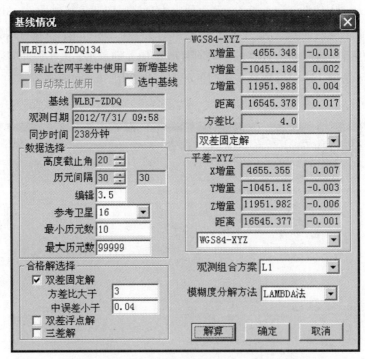

图 5-35　基线情况

图 5-36　历元间隔修改为 30 后的基线解算情况

　　此时方差比为 4.0，得到合格解。如果将历元间隔调整为 15 s，会有 952 个历元的数据，有了更多的数据，结果却为 1.2，解不合格，图 5-37 为 15 s 间隔计算的结果。

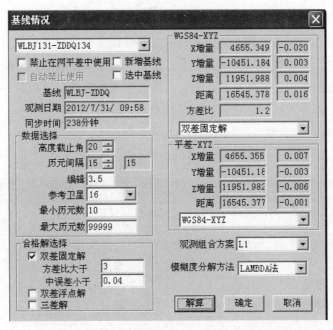

图 5-37　历元间隔修改为 15 后的基线解算情况

　　我们可查看基线详解（图 5-38），数据某些时间段出现周跳或中断，数据量多同时也带进了更多的质量差的数据，这时又要求增加历元间隔。

　　综上所述，确定合适的历元间隔原则为：

　　（1）对基线同步观测时间较短时，可缩小历元间隔，让更多的数据参与解算。同步观测时间较长时，要增加历元间隔，让更少的数据参与解算。

　　（2）数据周跳较多时，要增加历元间隔，这样可跳过中断的数据，继续解算。

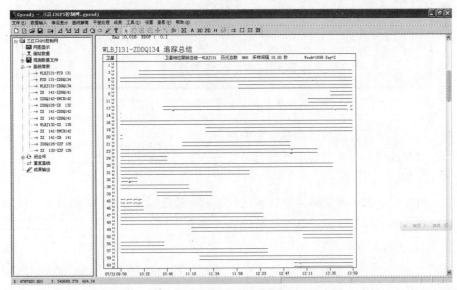

图 5-38　基线卫星数据图

2）确定合适的高度截止角

如果更改历元间隔来解算无法使基线方差比增加，我们再来调整高度截止角。当高度截止角较低时，参与解算的卫星数目多，但低空卫星数据通信容易被外界干扰，低空卫星质量差的数据较多；当高度截止角较高时，参与解算的卫星数目少，但高空卫星数据通信不容易被外界干扰，高空卫星质量好的数据较多。

高度截止角设为20°时，方差比为2.4（图5-35）。高度截止角改为30°时，方差比为64.1（图5-39），已满足合格双差固定解的条件。

图5-39   高度截至角修改为30°后的基线解算情况

综上所述，确定合适的高度截止角原则为：

（1）当基线详解中查看到卫星数目足够多，适当增加高度截止角，尽量让高空卫星数据进入解算；

（2）当基线详解中查看到卫星数目比较少时（最低解算要求：4颗以上卫星），适当降低高度截止角，尽量让多一些卫星数据进入解算。

3）剔除无效历元

从图5-38中，我们看到ZDDQ134.STH数据中断的地方较多，我们双击左状态栏的"观测数据文件"中的 ZDDQ134.STH，弹出数据编辑框。图中红线代表接收机对卫星

L1 载波信号的跟踪情况，每一条红线对应一颗卫星，卫星序号为图左端所示。红线中断处表示当时卫星信号失锁，为无效历元。

退出数据编辑框，重新解算剔除无效历元后的基线 WLBJ-ZDDQ。

综合交叉使用以上三种方法来解算基线合格后要检核异步环、同步环和重复基线限差，合格后才能进行网平差。

所述三种基线解算条件只是一个大致的原则，用户可以根据基本原则合理的相互配合进行设置，以使基线解算达到要求。在基线解算中还要求同步环中各条基线解算设置条件尽量保持一致，而修改了基线设置后又很难使其保持一致，从而造成闭合环差过大。因此，我们一般只对基线方差比小于解算通过条件的基线进行重解，其他基线不作改动。

注意：根据国标的要求，同一时段观测值的数据剔除率其值宜小于数据总量 10%。

5. 使用提示和设置原则

1）基线向量处理条件设置原则

在解算基线向量中，由于实际作业中对采用的作业模式、测量精度等要求都可能有所不同，有必要在解算时指定具体的解算条件，例如所采用基线的类型，基线合格的条件以及具体指定基线解算的历元间隔、卫星高度角、处理的无效历元等。并且在测量中不可避免地受外界环境的影响，如信号的遮挡，可观测卫星的多少，卫星在空中分布的图形强度大小，测站附近强磁场的干扰，多路径效应的影响等等。因此，除了在野外观测必须按要求采取相应措施减小各种不利因素的影响外，还需要在必要时通过一定的手段来改进基线向量成果。

一般来说，基线向量处理设置条件时必须遵守如下的原则：

（1）选取适当的基线解算类型。

处理基线中，解算整周模糊度的能力与基线的长度有关，获得全部模糊度参数整数解的结果称为双差固定解，只获得双差模糊度参数整数解的结果称为双差浮动解，对于较长的基线，浮动解也不能得到较好的结果，只能用三差解。

同一级别的 GNSS 网，根据基线长度的不同，可采用不同的基线解算类型。根据相应的国家 GNSS 测量规范，在 8 km 以内的基线必须采用双差固定解；30 km 以内的基线，可在双差固定解和双差浮动解中选择最优结果，所谓最优解即是基线处理中基线解的中误差最小，特别是在异步环和复测基线检验中闭合差最小的那一种解算结果。30 km 及其以上的基线，可采用三差解作为基线解算的最终结果。对于所有同步观测时间短于 35 min 的快速定位基线，应采用符合要求的双差固定解作为基线解算的最终结果。

对于 8 km 以内的短基线以及采用快速定位来确定的基线，在按照操作手册的要求进行观测时，应该能获得满足整周模糊度参数固定解的能力，若得不到好的固定解，不是观测条件太差（如靠近强无线电干扰源，高压线，强发射体，处于树阴下等），就是卫星星座的几何条件不好或是信号不正常的卫星太多，这样的观测量是不能采用的。

（2）确定适当的基线解算条件。

通过设置卫星高度角、采样间隔、有效历元等参数可以对基线进行优化。

卫星高度角的截取对于数据观测和基线处理都非常重要，观测较低仰角的卫星有时会因为卫星信号强度太弱、信噪比较低而导致信号失锁，或者信号在传输路径上受到较大的大气折射影响，而导致整周模糊度搜索的失败。但选择较大的卫星高度角可能出现观测卫星数的不足或卫星图形强度欠佳，因此同样不能解算出最佳基线。在《南方 GNSS 数据处理》软件中，采集卫星高度截止角默认为 10°，而处理基线中默认设置为 20°。如果同步观测卫星数太少或者同步观测时间不足，对于短基线来说，可以适当降低高度角后重新试算。这样可能会获得满足要求的基线结果，此时应注意，要求测站的数据要稳定，且环视条件要好，解算后的基线应进行外部检核（如同步环和异步环检核）以保证其正确性。如果用默认设置值解算基线失败，且连续观测时间较长、观测的卫星数较多、图形强度因子 *GDOP* 值较小，则适当提高卫星的高度角重新进行解算可能会得到较好的结果。这主要是观测环境和低仰角的卫星信号产生了较严重的多路径和时间延迟所引起的。

接收机的采样间隔可自由设置，但处理基线中并不是所有的数据都参与处理，而是从中根据优化原则选取其中的一部分数据采样进行处理。采集高质量的载波相位观测值是解决周跳问题的根本途径，而适当增加其采集密度，又是诊断和修复周跳的重要措施，因此，在采用快速静态作业或者该基线观测时间较短的情况下，可以适当把采样间隔缩短。而软件默认的 60 s 采样间隔一般能满足要求。

在某些情况下，例如该卫星的健康情况恶劣，或者测站环境不理想，受电磁干扰而导致某些卫星数据信号经常失锁，又或者低仰角的卫星有时会因为卫星信号强度太弱、信噪比较低而导致信号失锁，以及信号在传输路径上受到较大的大气折射影响而导致整周模糊度搜索的失败。此时应该对该卫星的星历进行处理。通过查看基线详解，可以对卫星观测中周跳的情况进行检查，对于经常失锁的卫星或者历元段过短的星历进行剔除。

2）外业成果质量检核标准

观测成果的外业检核是确保外业观测质量，达到预期平差精度要求的重要环节。因此，在观测任务结束后，必须在测区及时（最好是当天）对外业的观测数据质量进行检核和评价，以便及时发现不合格成果，并根据情况采取措施，删除重测或补测等。

检核一般采用以下几种方法：

（1）同步观测边的检核。

检核基线方差比（Ratio）及均方差（RMS）。一般来说，基线在 10 km 以内，基线方差比大于 3.0，可以认为是符合等级网的测量要求。随着基线长度的增加，其中误差也相对会有所增加。如果仅作为加密控制，或者要求较低的情况下亦可以相对放宽条件，例如方差比大于 2.0。

重复基线边的检核。同一基线边观测了多个时段得到的多个基线边称为重复基线边。对于不同观测时段的基线边的互差，其差值应小于相应级别规定精度的 $2\sqrt{2}$ 倍。而其中任一时段的结果与各时段平均值之差不能超过相应级别的规定精度。

（2）异步观测环和同步观测环闭合差的检核。

根据《全球定位系统（GPS）测量规范》（GB/T 18314—2009）、《卫星定位城市测量技术标准》（CJJ/T 73—2019），对于非同步以及同步观测边所构成的闭合图形（又称异步环、同步环）各点坐标闭合差必须符合一定的要求。

异步环的闭合差要求：

$$W_X \leqslant 3\sqrt{n}\sigma$$

$$W_Y \leqslant 3\sqrt{n}\sigma$$

$$W_Z \leqslant 3\sqrt{n}\sigma$$

$$W \leqslant \sqrt{W_X^2 + W_Y^2 + W_Z^2} \leqslant 3\sqrt{3n}\sigma$$

式中，n ——闭合环中的边数；

σ ——相应级别规定的基线向量的弦长精度（按平均边长计算）。

同步环坐标分量以及全长相对闭合差的规定如表 5-1 所示。

表 5-1　同步环坐标分量和全长相对闭合差要求（1×10^{-6} m）

类型	二等	三等	四等	一级	二级
坐标分量相对闭合差	2.0	3.0	6.0	9.0	9.0
环线全长相对闭合差	3.0	5.0	10.0	15.0	15.0

注：软件中采用环线全长相对闭合差为指标。

5.5.5　网平差

1. 平差设置

平差处理菜单如图 5-40 所示，各选项含义为：

（1）平差参数设置：本项设置为选择已知点坐标与坐标系匹配的检查和高程拟合方案。在图 5-41 中的"二维平差选择"中作了选择后，在进行平差计算时，若输入的已知点坐标和概略坐标差距过大，软件将不进行平差；反之，软件对平差已知点不作任何限制。无论输入怎样的已知点坐标，都能计算平差结果。高程拟合方案选取适当的已知水准点来

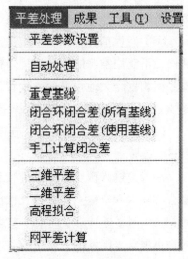

图 5-40　平差菜单

拟合 GNSS 高程控制网，最大限度减少高程异常带来的误差或错误。

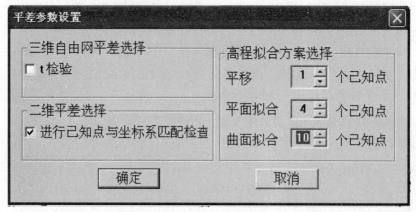

图 5-41　平差参数设置

（2）自动处理：基线处理完后点此菜单，软件将会自动选择合格基线组网。

（3）重复基线：搜索重复基线并将列表显示在"重复基线"项目中，可以比较相同的基线之间的解算结果。

（4）闭合环闭合差：检查的闭合环闭合差包括同步环和异步环闭合差。

（5）手工计算闭合差：根据用户需要在网图或基线简表中选定需要计算的基线组成闭合环后进行闭合差计算。

（6）三维平差：对空间三维坐标点进行平差。自由网平差提供各控制点在 WGS-84 系下的三维坐标（经度、纬度、大地高），各基线向量三个坐标差观测值的总改正数，基线边长以及点位边长的精度信息、误差椭圆。

（7）二维平差：对平面位置点进行二维约束平差，约束平差提供北京 54 坐标系、西安 80 坐标系，WGS-84 坐标系，或者城市独立坐标系的二维平面坐标、基线向量改正数、基线边长，以及坐标、基线边长的精度信息、转换参数、误差椭圆等。

（8）高程拟合：测量工作是在地面进行的，而地球的自然表面是一个不规则的复杂曲面，不能用准确的数学模型来描述，也就不能作为基准面。在实际测量中采用与平静海平面相重合大地水准面来代替地球的实际表面，而在全球定位系统中采用的坐标系是 WGS-84 坐标系，这就存在一个转换问题。

《南方 GNSS 数据处理》软件采用二次曲面拟合求取各点的高程异常来对 GNSS 高程进行改正。

注意：输入两个点可以进行平移；输入三个或三个点以上、六个点以下可进行平面拟合；输入六个以上点进行二次曲面拟合。

（9）网平差计算：约束平差提供北京 54 坐标系、西安 80 坐标系、WGS-84 坐标系，或城市独立坐标系的三维坐标、基线向量改正数、基线边长以及坐标、基线边长的精度信息、转换参数、误差椭圆等。

2. 网平差方法

第一步，输入已知点坐标，给定约束条件。

本例控制网中 Q007、Q049 为已知约束点在点击"数据输入"菜单中的"坐标数据录入"弹出对话框如图 5-42 所示，在"请选择"中选中"Q007"，单击"Q007"对应的"北向 X"的空白框后，空白框就被激活，此时可录入坐标。通过以上操作最终完成已知数据的录入。

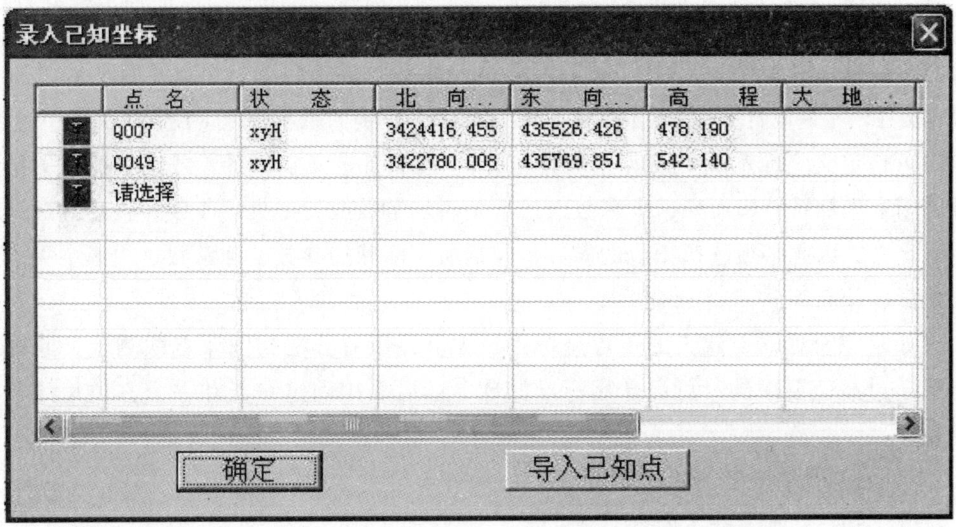

图 5-42　录入已知数据

第二步，平差处理：进行整网无约束平差和已知点联合平差。根据以下步骤依次处理。

（1）自动处理：基线处理完后点此菜单，软件将会自动选择合格基线组网，进行环闭合差。

（2）三维平差：进行 WGS-84 坐标系下的自由网平差。

（3）二维平差：把已知点坐标带入网中进行整网约束二维平差。但要注意的是，当已知点的点位误差太大时，软件会提示如图 5-43 所示的窗口。在此时点击"二维平差"是不能进行计算的。用户需要对已知数据进行检核。

图 5-43　错误提示窗口

（4）高程拟合：根据"平差参数设置"中的高程拟合方案对观测点进行高程计算。

注："网平差计算"的功能可以一次实现以上几个步骤。

（5）平差成果精度判断：根据相关技术规范判断。

3. 平差条件、基线向量的选择

基线经质量检核合格后进行 GNSS 网平差，选择正确的平差条件包括坐标系统、约束条件、基线边的剔除等影响到整个平差成果，因此平差时必须遵循以下的原则：

1）选择适当的坐标系统

（1）标准坐标系统：采用标准的 WGS-84 坐标系、北京 54 坐标系以及西安 80 坐标系可以直接在网平差设置里选择，但是必须按要求输入正确的原点经度（投影中央子午线）。

（2）自定义坐标系统（或者工程椭球）：一般的自定义坐标系（或工程椭球）是从标准的国家坐标系转换而来，大多数情形下是对加常数或者中央子午线、投影椭球高重新进行定义，因此必须选择相应的参数，包括所用椭球的参数、加常数、投影中央子午线、投影椭球高等。

假如是完全独立自定义的工程坐标系，尤其是没有办法与国家点联测、又或者投影变形超过规范要求的，可以选用标准椭球，然后采用固定一点和一个方位角的办法来处理。

2）给出符合精度要求的已知点

选取已知点必须符合下面的要求：

（1）尽量选取等级高，同一整体网、同一时期的控制点在实际作业中，由于大量的国家点遭到破坏，而且点位的资料通常比较难以搜集齐全，因此尽量选取等级高的已知点。在面积较大时，最好能联测一些二等点。而采用三等点以及四等点则必须经过仔细的检核分析，值得注意的是，不同时期、不同一个整体网所得的成果，通常会有所差异，因此最好选取同一时期、同一方法的已知点。高程已知点要求采用不低于四等水准测量的方法进行水准联测。

（2）已知点必须分布合理并且尽量联测更多的高程已知点。分布均匀合理的已知点，尤其是高程已知点对于提高整个约束平差精度起着相当重要的作用。在联测的水准点分布比较合理均匀时，输入足够多的高程已知点（三个以上，六个以下只能作平面拟合，六个以上才能进行曲面拟合）采用二次曲面拟合的方法可以获得精度较高的高程异常值，从而使 GNSS 点的高程达到等外水准或者四等水准的要求。

（3）选取兼容性较好的已知点。采用三个平面已知点作为二维约束平差的约束条件是比较合适的，当联测更多的已知控制点时，一般不将它们都作为固定点，而是用它们的原坐标对成果进行分析。可以通过选用不同组合的已知点进行网平差质量检核，剔除不兼容的起算点。可以把所有的已知点输入，然后在网平差设置中把要参与平差的已知点设定为"有效"，其他的则使其选为无效。

3）正确选择基线

（1）选取适当的基线解类型。

根据上节的要求选取适当的基线解类型，可在基线简表或者网图状态下逐一对基线的类型进行选择。

（2）剔除含有粗差的基线。

在外业质量检核中可以舍弃在复测基线边长较差，同步环闭合差，独立异步环闭合差检验中超限的基线。在自由网平差时进一步对基线进行检验，剔除含有粗差的基线观测量。

（3）基线图形的要求。

平差中基线图形必须满足下面的要求：

首先，不能出现孤点。对于独立的孤点（即该控制点不能与两条合格的独立基线相连），必须在该点上补测或者重测不得小于一条的独立基线。

其次，独立环基线数目不能超限。在舍弃基线后独立环所含基线数不能超过表 5-2 的要求。

表 5-2　闭合环或附合路线边数的规定

等级	二等	三等	四等	一级	二级
闭合环或附合路线的边数/条	≤6	≤8	≤10	≤10	≤10

4. 平差成果质量检验

1）精度要求

根据国家或行业 GNSS 相关测量标准规定的各级别固定误差、比例误差、相邻点间距离等要求，查看平差结果是否达到级别要求。

2）检验平差成果

首先检核平差成果包括各种精度指标，例如单位权中误差、边长相对中误差、点位中差、误差椭圆等，这些指标是否达到设计的要求。然后进一步进行下列的检核：

（1）检验自由网的基线观测量是否含有粗差。

采用 t 分布在置信水平接近 99.7%时进行检验，要求自由网平差各基线向量的改正数应超过该等级基线距离中误差的 3 倍值，即

$$\left. \begin{array}{l} V_{\Delta X} \leqslant 3\sigma \\ V_{\Delta Y} \leqslant 3\sigma \\ V_{\Delta Z} \leqslant 3\sigma \end{array} \right\}$$ （5-14）

（2）检验平差已知点精度（兼容性）及其引起的 GNSS 网变形。

二维约束平差是采用强制性的约束，对于起算数据要求有很好的内符合精度，即自

身是兼容性的，否则将引起整个 GNSS 网的扭曲和变形，从而损害 GNSS 网的精度。已知点兼容性不好，有可能是以下的原因造成：已知点的精度不够；已知点不是一个整体网；点位资料不正确；点位位置不正确等。在检验已知点的兼容性时，要求二维约束平差基线向量的改正数与剔除了粗差的同名基线向量相应改正数的较差应符合下列要求：

$$
\left.
\begin{array}{l}
dV_{\Delta X} \leqslant 2\sigma \\
dV_{\Delta Y} \leqslant 2\sigma \\
dV_{\Delta Z} \leqslant 2\sigma
\end{array}
\right\} \tag{5-15}
$$

假如超限，可以认为已知点与 GNSS 网不兼容。这时应该采用不同的已知点的组合来排除不兼容的已知点。

5.5.6 成果输出

成果菜单如图 5-44 所示，各选项含义为：

（1）基线解输出：南方测绘 GNSS 基线解算结果在此菜单项下文本输出，输出结果可用其他平差软件进行平差计算。单击"基线解算输出"出现图 5-45 对话框，这时可以选择存储路径，单击"输出"就可以了。

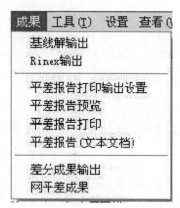

图 5-44 成果菜单

图 5-45 基线解输出

（2）RINEX 输出：将采集的 GNSS 静态数据换成标准 RINEX 格式文本输出。单击 RINEX 输出后出现如图 5-46 所示的对话框，选择保存路径后确定即可。

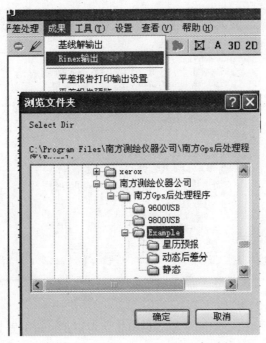

图 5-46　选择 Rinex 数据输出目录

（3）平差报告打印输出设置：执行本命令后，出现如图 5-47 所示的界面，用户可根据需要自行设定所需输出的成果。

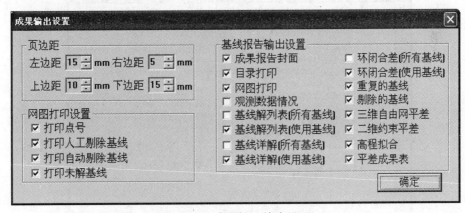

图 5-47　成果打印输出设置

（4）平差报告预览：打印前预览网平差成果报告。

（5）平差报告打印：打印网平差成果报告。

（6）平差报告（文本文档）：以文本文档形式输出网平差成果报告。单击成果报告后出现文件输出对话框，选择保存路径后确定即可。

（7）差分成果输出：输出事后差分解算的成果报告，输出界面如图5-48所示。在弹出的窗口中选择目标目录，设置输出格式等。

图 5-48　网平差成果输出

（8）网平差成果：输出控制网平差成果报告文本格式，输出界面如图5-49所示。可设置输出格式，可以输出为 CASS 控制点格式、可输出网图 DXF 格式（R14），并选择输出比例。

图 5-49　网平差成果输出

以上选项均是为了将软件处理后的基线结果和平差结果输出文本。

1. GNSS 数据处理主要分为几个阶段？

2. 什么是 GNSS 基线向量？它与常规地面测量所得到的基线边长相同吗？

3. GNSS 网平差的目的是什么？

4. GNSS 测得的高程与我国现行使用的高程是同一基准面吗？如何将两种高程统一起来？

5. 试述《南方 GNSS 数据处理》解算 GNSS 基线向量和网平差的步骤？

项目 6　GNSS 实时动态测量技术

教学目标

1. 了解 RTK 技术的概念和原理。
2. 掌握 RTK 的硬件组成、作业条件及工作流程。
3. 熟悉网络 RTK 的工作原理及优势。

任务 6.1　实时动态测量概述

由前面章节介绍的差分 GNSS 原理可知，对于距离不太远的相邻测站间，它们共有的 GNSS 测量误差，如卫星星历误差、大气延迟（电离层延迟和对流程延迟）误差和卫星钟钟差对两个测站的误差影响大体相同，测站间测量误差总体上具有很好的空间相关性。假如在一个已知点上安置 GNSS 接收机，称该接收机为基准站接收机，它与用户 GNSS 接收机（流动站接收机）一同进行观测，如果基准站接收机能将上述测量误差改正数通过数据通信链发送给附近工作的流动站接收机，则流动站接收机定位结果通过施加上述改正数后，其定位精度得到大幅度提高。

6.1.1　RTK 技术的概念

RTK（Real-Time Kinematic），即实时动态测量，它属于 GNSS 动态测量的范畴，测量结果能快速实时显示给测量用户。RTK 是一种载波相位差分 GNSS 测量技术，即实时载波相位差分技术，它通过载波相位原理进行测量，通过差分技术消除或减弱基准站和流动站间共有误差，有效提高了 GNSS 测量结果的精度，同时将测量结果实时显示给用户，极大提高了测量工作的效率。RTK 技术是 GNSS 测量技术发展中的一个新突破，它突破了静态、快速静态、准动态和动态相对定位模式的事后处理观测数据方式，通过与数据传输系统相结合，实时显示流动站定位结果，自 20 世纪 90 年代初问世，备受测绘工作者的推崇，在小区域控制点加密、数字地形测量、工程施工放样、地籍测量以及变形测量等领域得到推广应用。

6.1.2　RTK 工作原理

载波相位差分方法可以分为修正法和差分法两类，修正法为准 RTK，差分法为真正的 RTK。修正法是将基准站接收机的载波相位修正值发送给用户接收机，进而改正用户接收机直接接收 GNSS 卫星的载波相位观测值，再求解用户接收机坐标。差分法是将基准站接收机采

RTK 工作原理

集的载波相位观测值直接发送给用户接收机，用户接收机将接收到的 GNSS 卫星载波相位观测值与基准站接收机发送来的载波相位观测值进行求差，最后求解出用户接收机的坐标。

综上所述，RTK 技术定位的基本原理为：在基准站上安置一台 GNSS 接收机，另一台或几台接收机置于载体（称为流动站）上，基准站和流动站同时接收同一组 GNSS 卫星发射的信号。基准站所获得的观测值与已知位置信息进行比较，得到 GNSS 差分改正值，将这个改正值及时通过电台以无线电数据链的形式传递给流动站接收机；流动站接收机通过无线电接收基准站发射的信息，将载波相位观测值实时进行差分处理，得到基准站和流动站坐标差 ΔX，ΔY，ΔZ；此坐标差加上基准站坐标得到流动站每个点的 GNSS 坐标基准下的坐标；通过坐标转换参数转换得出流动站每个点的平面坐标 x，y 和高程 h 及相应的精度（图 6-1）。

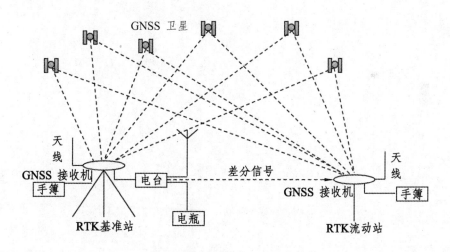

图 6-1　RTK 测量示意

RTK 数据处理是基准站和流动站之间的单基线解算过程，利用基准站和流动站的载波相位观测值的差分组合载波相位，将动态的流动站未知坐标作为随机的未知参数，载波相位的整周模糊度作为非随机的未知参数进行解算，通过实时解算出的定位结果的收敛情况判断解算结果是否成功。

RTK 技术受到基准站和用户间距离的限制，关键技术是基准站接收机在数据传输时如何保证高可靠性和抗干扰性。为解决作业距离的问题，根据作业范围，可以采用单站差分技术、局域差分技术和广域差分技术。采用单站差分技术的 RTK 测量系统称为常规RTK，采用局域或广域差分技术的 RTK 测量系统称为网络 RTK。常规 RTK 测量系统结构和算法简单，成本低，技术也非常成熟，主要适用于小范围的差分定位工作。网络 RTK测量系统结构和算法非常复杂，建设成本高，主要适用于较大区域的测量定位，如一个城市、一个省或一个国家甚至全球范围。

6.2.1 常规 RTK 测量系统的组成

RTK 测量模式要求至少两台同时工作的 GNSS 接收机实施动态测量，可以采用一台基准站加一台流动站的形式，也可以采用一台基准站加几台流动站的形式。

常规 RTK 测量系统包括基准站、流动站和数据链三部分。基准站通过数据链将其观测值和测站坐标信息一起传送给流动站。流动站不仅通过数据链接收来自基准站的数据，还要采集 GNSS 卫星观测数据，并在系统内组成差分观测值进行实时处理。流动站可处于静止状态，也可处于运动状态。RTK 技术的关键在于数据处理技术和数据传输技术，目前国内外 RTK 测量系统较多，国外 RTK 系统如美国天宝、瑞士徕卡、法国阿斯泰克等，国内 RTK 系统如南方、中海达、华测等。RTK 系统可应用于两项主要测量任务，即测点定位和测设放样。

6.2.2 常规 RTK 测量系统的作业模式

1. 快速静态测量

快速静态测量模式即要求 GNSS 接收机观测点上静止且短时间地进行观测。在观测过程中，接收卫星观测数据的同时连同接收基准站的同步观测数据，实时地解算整周未知数和用户站的三维坐标。如果解算结果趋于稳定，且精度已满足设计的要求，便可适时地结束观测工作。采用这种模式作业时，用户站的接收机在流动过程中，可以不必保持对 GNSS 卫星的连续跟踪，其定位精度可达 $1 \sim 2$ cm。这种方法可应用于城市、矿山等区域性的控制测量、工程测量和地籍测量等。

2. 准动态测量

采用准动态测量模式通常要求流动的接收机在观测工作开始之前，首先在某一起始点上静止地进行观测，以便采用快速解算整周未知数的方法实时地进行初始化工作。初始化后，流动的接收机在每一观测站上，只需静止观测几个历元，并连同基准站的同步观测数据，实时地解算流动站的三维坐标。目前，其定位的精度可达厘米级。但这种方法要求接收机在观测过程中，保持对所测卫星的连续跟踪。一旦发生失锁，便需要重新进行初始化工作。准动态实时测量模式通常应用于地籍测量、碎部测量、路线测量和工程放样等。

3. 动态测量

动态测量模式，一般需首先在某一起始点上，静止地观测数分钟，以便进行初始化工作。运动的接收机按预定的采样时间间隔自动地进行观测，并连同基准站的同步观测数据，实时地确定采样点的空间位置。目前，其定位的精度可达厘米级。这种测量模式，仍要求在观测过程中，保持对观测卫星的连续跟踪。一旦发生失锁，则需重新进行初始化。实时动态测时模式主要应用于航道测量、道路中线测量以及运动目标的精密导航等。

6.2.3 常规 RTK 测量系统的作业程序

1. RTK 设备的选定与检验

（1）RTK 接收设备应符合下列规定：

① 接收设备应包括双频接收机、天线和天线电缆、数据链套件（调制解调器、电台或移动通信设备）、数据采集器等；

② 基准站接收设备应具有发送标准差分数据的功能；

③ 流动站接收设备应具有接收并处理标准差分数据功能；

④ 接收设备应操作方便、性能稳定、故障率低、可靠性高；

⑤ RTK 测量宜选用优于下列测量精度（RMS）指标的双频接收机：

$$平面：10 \text{ mm} + 2 \times 10^{-6} \times D$$

$$高程：20 \text{ mm} + 2 \times 10^{-6} \times d$$

式中，D——流动站至基准站的距离，km。

（2）接收机的一般检验应符合下列要求：

① 接收机及天线型号应与标称一致，外观应良好；

② 各种部件及其附件应匹配、齐全和完好；紧固的部件应不得松动和脱落；

③ 设备使用手册和后处理软件操作手册及磁（光）盘应齐全。

④ RTK 测量前宜对设备进行以下的检验：基准站与流动站的数据链联通检验；数据采集器与接收机的通信联通检验。

（3）接收设备的维护应符合下列要求：

① 接收设备应有专人保管，运输期间应有专人押送，并应采取防震、防潮、防晒、防尘、防蚀和防辐射等防护措施，软盘驱动器在运输中应插入保护片或废磁盘。

② 接收设备的接头和连接器应保持清洁，电缆线不应扭折，不应在地面拖拉、碾砸。连接电源前，电池正负极连接应正确，观测前电压应正常。

③ 当接收设备置于楼顶、高处或其他设施顶端作业时，应采取加固措施，在大风和雷雨天气作业时，应采取防风和防雷措施。

④ 作业结束后，应及时对接收设备进行擦拭，并放入有软垫的仪器箱内；仪器箱应置放于通风、干燥阴凉处，保持箱内干燥。

⑤ 接收设备在室内存放时，电池应在充满状态下存放，应每隔1~2个月充放电一次。

⑥ 仪器发生故障，应转交专业人员维修。

2. 基准站站址的选择

在一定的观测时间内，一台或几台接收机分别在一个或几个固定测站上，一直保持跟踪观测卫星，其余接收机在这些测站的一定范围内流动作业，这些固定测站就称为基准站。

基准站站址的选择必须严格。因为参考站接收机每次卫星信号失锁将会影响网络内所有流动站的正常工作。

（1）周围应视野开阔，截止高度角应超过15°；周围无信号反射物（大面积水域、大型建筑物等），以减少多路径干扰；并要尽量避开交通要道、过往行人的干扰。

（2）参考站应尽量设置于相对制高点上，以方便播发差分改正信号。

（3）参考站要远离微波塔、通信塔等大型电磁发射源200 m外，要远离高压输电线路、通信线路50 m外。

3. 基准站的设置

（1）基准站上仪器架设要严格对中、整平。

（2）GNSS天线、信号发射天线、主机、电源等连接无误后才能打开主机电源。

（3）完成手簿与主机的连接，并设置主机及电台通道。

（4）检查电台的发射信号灯是否正常，若电台正常发射电台信号表明基准站架设完成（手簿上的电台通道必须要和电台的电台通道一直才可以接收到信号达到固定解）。

（5）严格量取参考站接收机天线高，量取二次以上，符合限差要求后，记录均值。

4. 流动站的设置

（1）在RTK作业前，应首先检查仪器内存或外存储器容量能否满足工作需要。

（2）由于RTK作业耗电量大，工作前，应备足电源。

（3）由于流动站一般采用缺省2 m流动杆作业，当高度不同时，应修正此值。

（4）手簿要和移动站通过串号配对完成连接，进行移动站设置和电台通道设置，若移动站达到固定解表明移动站设置完毕

（4）在信号受影响的点位，为提高效率，可将仪器移到开阔处或升高天线，待数据链锁定后，再小心无倾斜地移回待定点或放低天线，一般可以初始化成功。

5. RTK 作业

1）RTK 作业基本条件要求

（1）RTK 作业的基本条件要求见表 6-1。

表 6-1　RTK 观测的基本条件要求

观测窗口状态	卫星数	卫星高度角	PDOP
良好窗口	≥5	20°以上	≤5
勉强可用的窗口	4	15°以上	≤8
避免观测的窗口	4	15°以上	≥8
不能观测的窗口	≤3	——	——

（2）RTK 作业应尽量在天气良好的状况下作业，要尽量避免雷雨天气。夜间作业精度一般优于白天。

2）卫星预报

（1）RTK 作业前要进行严格的卫星预报，选取 PDOP<6，卫星数>6 的时间窗口。编制预报表时应包括可见卫星号、卫星高度角和方位角、最佳观测卫星组、最佳观测时间、点位图形几何图形强度因子等内容。

（2）卫星预报表的有效期以 20 天为宜，当超过 20 天时，应重新采集一组新的概略星历进行预报。

（3）卫星预报时应采用测区中心的经纬度。当测区较大时，应分区进行卫星预报。

3）RTK 测量初始化

（1）RTK 测量必须在完成初始化后才能进行。初始化可以采用静态、OTF 两种。初始化时间长短与距参考站的距离有关，两者距离越近，初始化越快。

（2）推荐静态初始化，只有在运动状态下才进行 OTF 初始化。OTF 方式一般在测量船、汽车等运动载体上使用。

4）RTK 作业时设备启动状况基本要求

（1）开机后经检验有关指示灯与仪表显示正常后，方可进行自测试并输入测站号（测点号）、仪器高等信息。

（2）接收机启动后，观测员可使用专用功能键盘和选择菜单，查看测站信息接收卫星数、卫星号、卫星健康状况、各卫星信噪比、相位测量残差实时定位的结果及收敛值、存储介质记录和电源情况，如发现异常情况或未预料情况，并及时作出相应处理。

5）RTK 观测期间的作业要求

（1）不得在天线附近 50 m 内使用电台，10 m 内使用对讲机。

（2）天气太冷时，接收机应适当保暖；天气太热时，接收机应避免阳光直接照晒，确保接收机正常工作。

（3）RTK 作业期间，基准站不允许下列操作：

① 关机又重新启动。

② 进行自测试。

③ 改变卫星截止高度角或仪器高度值、测站名等。

④ 改变天线位置。

⑤ 关闭文件或删除文件等。

（4）RTK 工作时，参考站可记录静态观测数据，当 RTK 无法作业时，流动站转化快速静态或后处理动态作业模式观测，以利后处理。

（5）在流动站作业时，接收机天线姿态要尽量保持垂直（流动杆放稳、放直）。一定的斜倾度，将会产生很大的点位偏移误差。如当天线高 2 m，倾斜 10°时，对定位精度的影响可达 3.47 cm。

$$\Delta S = 20 \times \sin 10° = 3.47（\text{cm}）$$

（6）RTK 观测时要保持坐标收敛值小于 5 cm。

（7）在穿越树林、灌木林时，应注意天线和电缆勿挂破、拉断，保证仪器安全。

具体 RTK 测量操作训练详见实训手册。

网络 RTK 原理

1. 网络 RTK 概述

在常规 RTK 工作模式中，只有 1 个基准站，作业距离受限，流动站与基准站的距离不能超过 10~15 km，且精度和可靠性随着作业距离的增加而不断降低。在网络 RTK 中，有多个基准站，用户不需要建立自己的基准站，用户与基准站的距离可以扩展到上百千米，网络 RTK 减少了误差源，尤其是与距离相关的误差。一般来说，网络 RTK 可以分成 3 个基础部分，分别是固定式基准站、数据处理中心、用户。首先，多个基准站同时采集观测数据并将数据传送到数据处理中心，数据处理中心有 1 台主控计算机能够通过网络控制所有的基准站。所有从基准站传来的数据先经过粗差剔除，然后主控电脑对这些数据进行联网解算。最后播发改正信息给用户。为了增加可靠性，数据处理中心会安装备用电脑以防主机发生故障影响系统运行。网络 RTK 至少要有 3 个基准站才能计算出改正信息。改正信息的可靠性和精度会随基准站数目的增加而得到改善。当存在足够多的基准站时，如果某个基准站出现故障，系统仍然可以正常运行并且提供可靠的改正信息。网络 RTK 其中的一个应用方向为具有实时定位服务功能的虚拟参考站卫星定位服务系统。

2. 基于 VRS 的网络 RTK 系统组成

VRS 是虚拟参考站（Virtual Reference Station）的简称，是集互联网技术，无线通信技术，计算机网络管理和 GNSS 定位技术一身的系统。它是由控制中心、固定站、用户部分组成。

VRS 的基本工作原理是固定参考站的卫星观测数据通过通信链传送到 VRS 中央服务器，服务器对观测数据进行质量检测，去除大的粗差并修正周跳，并通过分析双差观测量来计算和剔除电离层误差、对流层误差和星历误差。用户部分通过蜂窝网络通信向中央服务器提供自身的近似位置。中央服务器自动接收该近似定位信息，并对给定的位置进行几何替代处理，通过内插修正过的星历误差、电离层和对流层误差，为该流动站生成一个"虚拟参考站"。同时中央服务器会生成一组标准格式的改正信息，并通过蜂窝通信设备由控制中心传送给流动站，流动站只需几秒钟就能获得 RTK 的测量结果，而且精度一直保持在厘米级。

1）控制中心

也称通信控制中心或数据处理中心，整个系统的核心。它通过通信线（光缆、ISDN、电话线）与所有的固定参考站通信，通过无线网络（GSM、CDMA、GPRS……）与移动用户通讯。由计算机实时系统控制整个系统的运行，24 h 连续不断地根据各基准站所采集的实时观测数据在区域内进行整体建模解算，通过建立精确的误差模型（如电离层、对流层、卫星轨道等误差模型），在移动站附近产生一个物理上并不存在的虚拟参考站（VRS），由于虚拟参考站的位置是通过流动站接收机（目前主要用手机）的单点定位解来确定，故其与移动站构成的基线通常只有几米到十几米，移动站与虚拟参考站进行载波相位差分改正，实现实时 RTK。

2）固定站

固定参考站是固定的 GNSS 接收系统，分布在整个网络中，一个 VRS 网络可包括无数个站，但最少要 3 个站，站与站之间的距离可达 70 km（传统高精度 GNSS 网络的站间距离不过 10 ~ 20 km）。固定站与控制中心之间有通信线相连，数据实时的传送到控制中心。

3）用户部分

即用户的接收机加上无线通信的调制解调器。它可以是直接用于测绘的大地型接收机，也可以导航型接收机，根据用户的不同需求，接收机放置在不同的载体上，如汽车、飞机、农业机器等。接收机通过无线网络将自己初始位置发给控制中心，并接收中心的差分信号，生成厘米级的位置信息。

3. VRS 网络 RTK 技术的优势

1）覆盖范围更广

突破了传统 RTK 作业距离的限制，VRS 网络中固定参考站的距离增大，站间距离可达到 70 km，三个站覆盖的面积可以超过 2 100 km^2。以武汉市为例，中心城区面积约为 863 km^2，只用三个参考站即可覆盖。

2）精度高，可靠性强

VRS 技术采用了多个参考站联合数据对电离层、对流层改正考虑较好，有效消除系统误差和周跳，定位可靠性强，提高了精度。在 VRS 网络控制范围内，精度始终在 1 ~ 3 cm。

3）生产成本更低，作业效率更高

对于用户端，无需野外参考站，仅需流动站的投资，不再架设基准站。流动站初始化速度更快，可更加便捷地投入作业，提高生产效率，从而又一次降低生产成本。

目前应用极广的千寻位置的厘米级定位技术（千寻位置网络有限公司提供）依托遍布全国的卫星定位地基增强站，根据用户位置生成并发送虚拟参考站（VRS），用户接收数据并进行差分定位，即可获得厘米级的定位结果。另外目前诸多厂商（南方、天宝）的 CORS 方案利用的也是 VRS 算法。

习题和思考题

----

1. 简述 RTK 技术的概念。
2. 常规 RTK 测量系统由哪三部分组成？
3. 简述网络 RTK 的工作原理。
4. 网络 RTK 的优势体现在哪里？
5. 简述 RTK 作业流程。

参考文献

[1] 邓军. GNSS 测量技术[M]. 徐州：中国矿业大学出版社，2018.

[2] 牛志宏，陈志兰. GPS 测量技术（第 2 版）[M]. 郑州：黄河水利出版社，2021.

[3] 李娜. GNSS 测量技术[M]. 武汉：武汉大学出版社，2020.

[4] 张东明，邓军. GNSS 定位测量技术[M]. 武汉：武汉理工大学出版社，2016.

[5] 杜玉柱. GNSS 测量技术[M]. 武汉：武汉大学出版社，2013.

[6] 益鹏举，王瑞芳，赵亚蓓，等. GNSS 测量技术[M]. 郑州：黄河水利出版社，2015.

[7] 张冠军. GPS RTK 测量技术实用手册[M]. 北京：人民交通出版社，2014.

[8] 贺英魁. GPS 测量技术（第三版）[M]. 重庆：重庆大学出版社，2022.

[9] 闫野，姜雄基，张振雷，等. GPS 测量技术[M]. 北京：北京交通大学出版社，2018.

[10] 田倩. GPS 测量技术与应用实训[M]. 成都：西南交通大学出版社，2017.

[11] 徐绍铨，张华海，杨志强，等. GPS 测量原理及应用（第四版）[M]. 武汉：武汉大学出版社，2017.

[12] 聂琳娟等. GPS 测量技术[M]. 武汉：武汉大学出版社，2012.

[13] 李征航，黄劲松. GPS 测量与数据处理（第三版）[M]. 武汉：武汉大学出版社，2016.

[14] 广州南方卫星导航仪器有限公司. S86 测量系统使用手册[Z]. 广州：广州南方卫星导航仪器有限公司，2016.

[15] 广州南方卫星导航仪器有限公司. 南方 GNSS 数据处理软件使用手册[Z]. 广州：广州南方卫星导航仪器有限公司，2012.

[16] 上海华测导航技术股份有限公司. 华测 X90 RTK 使用手册[Z]. 上海：上海华测导航技术股份有限公司 2016.

[17] 上海华测导航技术股份有限公司. LandStar 说明书[Z]. 上海：上海华测导航技术股份有限公司 2016.